计算机应用基础上机指导与习题

李全红　编著

上海科学普及出版社

图书在版编目（CIP）数据

计算机应用基础上机指导与习题／李全红编著.—上海：上海科学普及出版社，2011.1
ISBN 978-7-5427-4624-5

I.①计... II.①李... III.①电子计算机－教学参考资料 IV.①TP3

中国版本图书馆 CIP 数据核字（2010）第 149029 号

策　　划　胡名正
责任编辑　徐丽萍

计算机应用基础上机指导与习题
李全红 编著
上海科学普及出版社出版发行
（上海中山北路 832 号 邮政编码 200070）
http://www.pspsh.com

各地新华书店经销　　三河市德利印刷有限公司印刷
开本 787 × 1092 1/16　　印张 9.25　　字数 205000
2011 年 1 月第 1 版　　2011 年 1 月第 1 次印刷

ISBN 978-7-5427-4624-5　　定价：15.80 元

前　　言

随着计算机技术的飞速发展，掌握计算机基础知识和培养操作计算机的能力，已经成为现代大学生必不可少的基本技能。为了弥补学生实际操作能力训练的不足，在《计算机应用基础》上编写了此配套辅助用书。

本教材紧密结合《计算机应用基础》一书，主要包括了计算机基础、Windows XP 操作系统、字处理软件 Word 2007、电子表格软件 Excel 2007、演示文稿软件 PowerPoint 2007 以及计算机网络基础等上机指导方面的内容，还分章列出了每章的习题，按填空题、单选题、多选题和判断题的类型列出并在附录中给出了相应的参考答案。

要学好《计算机应用基础》这门课程，需要做大量的练习。本书充足的上机练习，将进一步加深对计算机基础知识的理解，同时也提高实际操作能力。

本书既可作为各大院校《计算机应用基础》的辅助教材，也可作为计算机初级学习者的参考用书。

本书由李全红编著，杨瀛审校；封面由乐章工作室金钊设计。

本书读者在阅读过程中如有问题，可登录售后服务网站（http://www.todayonline.cn），点击“学习论坛”，进入“今日在线学习网论坛”，注册后将问题写明，我们将在一周内予以解答。

本书虽精心编写，但限于时间和水平，纰漏之处在所难免，恳请专家和读者批评指正，我们将再接再厉，为大家献上更多更好的精品。

编　者

目　录

第1章　计算机基础知识

本章学习目标：

(1) 掌握计算机的启动与关闭。

(2) 熟悉键盘和鼠标的操作。

(3) 掌握汉字输入。

1.1　计算机的启动与关闭

要正确地使用计算机，首先就应学会计算机的正确启动与关闭方法。

1.1.1　启动计算机

计算机地启动可以分为冷启动、热启动和复位启动3种。要启动计算机，首先要接通电源，然后再开机。启动计算机就是对计算机各部件进行初始化并将计算机运行所必需的各种信息装入计算机内存的过程，计算机只有在启动之后才能进行各种数据和信息的操作。

启动计算机前，首先要确认各种设备电源、连接线已经正确连接。了解它们之间的各种连接，分析它们在系统中所起的作用。而且，启动的时候，一般是先开显示器电源，后开主机电源。

注意观察每种启动的过程，思考在每种启动过程中所作的不同选择。

1.冷启动

冷启动是通过按一下主机面板上的“Power”电源按钮来启动计算机。主要用于每次使用计算机时的第一次开机。

冷启动的操作步骤如下：

(1) 检查连线。

(2) 打开外部设备电源，如显示器、打印机和扫描仪等。

(3) 打开主机电源。按一下主机电源按钮，电源指示灯亮，计算机启动。

2.复位启动

复位启动是通过按一下主机面板上的“Reset”复位按钮来启动计算机。复位启动一般用于计算机运行状态出现异常而热启动无效时重新启动计算机。

计算机冷启动后，系统首先进行硬件自检，通过后自动引导Windows XP，成功后进入Windows XP界面。

3.热启动

热启动是通过开始菜单，任务管理器或者快捷键（同时按“Ctrl+Alt+Delete”组合键），即可重新启动计算机。

注意

冷启动和复位启动会清空计算机内存数据，热启动不会清空。因此，为防止因加电启动计算机而损坏软硬件系统或丢失数据，计算机在运行状态下，不要随意按电源开关或复位键。特殊情况下，如“死机”，如果热启动、通过“Reset”复位按钮重启都不起作用，则可以按住主机电源按钮持续4秒钟以上，计算机会自动关闭。

1.1.2 关闭计算机

在不需要使用计算机时，就应对其进行关闭，关闭计算机不应用直接关闭电源的方法。

在Windows XP中，关闭计算机的正确操作步骤如下：

(1) 关闭所有打开的应用程序和文档窗口。

(2) 单击桌面左下角的“开始”按钮，选择“关闭计算机”命令，打开“关闭计算机”对话框，如图1-1-1所示。

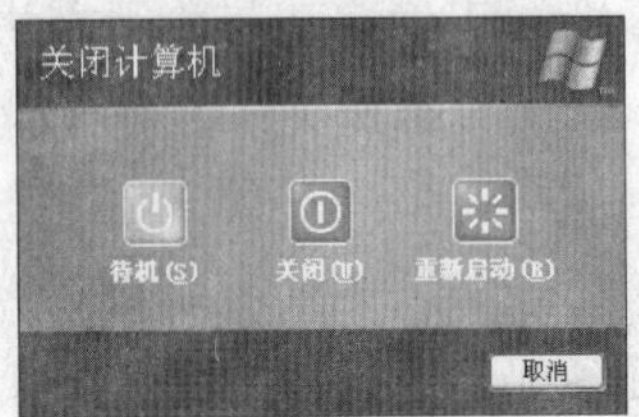

图1-1-1

(3) 单击“关闭”选项，即可执行关闭计算机。

(4) 在主机电源被自动关闭之后，再关闭外部设备。

注意

待机：将计算机保持在低功耗状态，并可快速恢复Windows会话。该模式只关闭显示器和硬盘之类的设备。当需要重新使用计算机时，只需按键盘上的任意键或移动一下鼠标即可迅速退出待机模式。

重新启动：关闭Windows并重新启动计算机。

1.2 键盘和鼠标的操作

1.2.1 键盘的基本操作

1.基准键位与手指分工

基准键位是指主键盘上的A、S、D、F、J、K、L和“;”这8个键，用以确定两手指在键盘上的位置和击键时相应手指的出发位置。其中F和J是定位键，用于迅速找基准键位。

整个键盘的手指分工为：左手食指负责4、5、R、T、F、G、V、B共八个键，中指负责3、E、D、C四个键，无名指负责2、W、S、X四个键，小指负责1、Q、A、Z及其左边的所有键位；右手食指负责6、7、Y、U、H、J、N、M共八个键，中指负责8、

I、K、“,”四个键，无名指负责9、O、L、“。”四个键，小指负责0、P、“;”、“/”及其右边的所有键位，而大拇指专门负责击打空格。可见十个手指的击键并不随机的，而是有明确的分工，手指分工图，如图1-2-1所示。

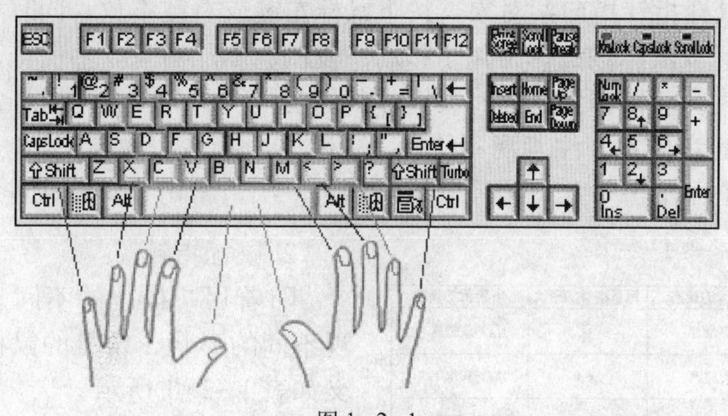

图1-2-1

2.基本姿势

键盘操作的正确姿势：

坐势要端正，腰要挺直，肩部放松，两脚自然平放于地面。

手腕平直，手指弯曲自然适度，轻放在基准键上。

输入原稿前，先将键盘右移5cm，原稿放在键盘左侧以便阅读。

坐椅的高低应调至适应的位置，以便于手指击键；眼睛同显示器的水平距离至少在45cm以上，这样眼睛不易疲劳。

3.键盘击键的正确方法

击键前两个拇指放在空格键上，其余各手指轻松放于基准键位。

击键时各手指各司其责，速度均匀，力度适中，不可用力过猛，不可压键或按键。

击键后手指应立刻回到基准键位，恢复击键前的手形。

初学者，要先求击键准确，再求击键速度。

1.2.2　鼠标的基本操作

在Windows环境中，用户的大部分操作都是通过鼠标完成的。常见的鼠标有两键式、三键式及四键式。目前最常用的鼠标为三键式，包括左键、右键和滚轮。

1.鼠标操作

鼠标的基本操作包括以下6种方式：

(1) 指向：把鼠标指针移动到某对象上，一般用于激活对象或显示工具提示信息。练习把鼠标指针移到“开始”按钮上，注意观察结果。

(2) 单击：鼠标指针指向某对象，再将左键按下、放开，常用于选定对象。把鼠标指针指向“我的电脑”并单击，观察结果。

(3) 右击：将鼠标右键按下、放开，会弹出一个快捷菜单或帮助提示，常用于完成一些快捷操作。在不同位置右击，会打开不同的快捷菜单。将鼠标指针移到桌面的空白处右击，观察屏幕上出现的快捷菜单；然后，再将鼠标指针移到“我的电脑”图标上右

击，注意观察两次显示的快捷菜单的不同。

(4) 双击：鼠标指针指向某对象，连续快速地按动两次鼠标左键，常用于打开对象、执行某个操作。将鼠标指针移到桌面“我的电脑”图标上双击，注意观察结果。

(5) 拖动：鼠标指针指向某对象，按下鼠标左键或右键不放，同时移动鼠标，当到达指定位置后再释放鼠标按键。常用于移动、复制、删除对象，右键拖动还可以用作创建对象的快捷方式。将鼠标指针移到桌面“我的电脑”图标上按下鼠标左键，然后，拖动到桌面的其他任意位置，注意观察结果。

(6) 再次单击：单击对象，稍停一下再单击一次，常用于对文件进行更名的操作。

2.鼠标指针

随着用户操作的不同，鼠标指针会呈现不同的形状，常见的鼠标指针形状及含义如表1-2-1所示。

表1-2-1

鼠标指针的形状	所表示的状态	鼠标指针的形状	所表示的状态
	准备状态		调整对象垂直大小
	帮助选择		调整对象水平大小
	后台处理		等比例调整对象1
	忙碌状态		等比例调整对象2
	移动对象		禁用状态
	精确调整对象		手写状态
	文本输入状态		链接状态

1.3 汉字输入

根据前面讲解的键盘的基本操作、正确的打字姿势以及正确的击键方法，同时参考《计算机应用基础》第2章的内容，选择适合自己的汉字输入法，用“记事本”录入下面的文字。

毛驴和狼：愚蠢的狼

从前，有一头毛驴，它年轻力壮时，主人一点也不关心它，每天叫它干重活。后来，它的脊背压断了，满身上下都是伤疤，主人见它没什么用了，就把它痛打一顿，赶出了家门。

毛驴流浪到了很远的地方，一天遇到一只大灰狼。大灰狼张着大嘴，流着口水说：“哈哈！我几天没吃肉都快馋死了，今天我运气真好，可以饱餐一顿了。”说完老狼就扑了上来，毛驴很谦逊地说：“我实在太瘦了，身上除了骨头就是皮，还是请狼老爷忍一忍，等到了明年夏天，我吃些青草，肉肥了，油厚了，你再来吃我吧。”

见它这副瘦骨如柴的样子，大灰狼也觉得没啥吃头。可这次饶了它，要是它跑了怎么办呢，老狼正在犹豫时，毛驴看穿了灰狼的心思，说道：“天是狼的天，地是狼的地，我一副弱不禁风的样子能跑到哪去呢？”大灰狼还是有些不放心地说：“要是风塌了，地陷了，我上哪儿找你呢？”毛驴没有办法，只好与狼一起去找邻居做证人。毛驴见到一只兔子，对它说：“兔子你的眼睛不是老盯着天，耽心天会塌吗？今天请你作个保人，保证在狼吃掉我以前天不会塌下来。”后来，它们又碰到一头总是哼哼唧唧盯着地的野猪，毛驴便对它说：“请保证狼在吃掉我以前地不会陷下去。”兔子和野猪都满口答应作保人。

于是，狼和毛驴约定明年夏天在老地方见面。

冬天过去，春天来了；春天过去，夏天来了。毛驴经过足够的休息，吃了丰盛的青草，养好了伤，膘肥体壮，浑身有使不完的劲。这天，大灰狼按约定的日期来吃驴肉。它见毛驴果然长得皮毛闪光，一身好肉高兴极了。当它扑向毛驴时，毛驴一个急转身，两个后蹄正好踢在大灰狼的脸上，老狼顿时满脸开花。草地上，毛驴和大灰狼展开了一场搏斗，大灰狼终于死在毛驴的蹄子下。

从此，毛驴在野地里，自由自在地生活。

1.4 习　题

1.填空题

（1）世界上第一台电子计算机诞生于______年，它的名称是______。

（2）通常人们按电子计算机所采用的______将其划分为4代。

（3）第二代计算机的元器件大都采用的是______。

（4）计算机发展趋势中的网络化是指利用______和______，把分布在不同地点的计算机互联起来。

（5）计算机最早的应用领域是______，也称为______。

（6）一个完整的计算机系统是由______和______两大部分组成的。

（7）计算机的基本硬件结构一直沿袭着______提出的计算机体系结构。

（8）主要功能是对二进制编码进行算术运算和逻辑运算的是______。

（9）运算器和控制器又统称为______，简称为______。

（10）存储器分为______和______。

（11）内存储器又分为______和______。

（12）只有硬件而没有软件的计算机称为______。

（13）______是直接运行在计算机硬件上的最基本的系统软件。

（14）______是最低层的计算机语言。

（15）______是指计算机每秒钟能执行的指令条数，常用______表示。

（16）存取周期是指CPU从内存储器中连续进行______次独立的存取操作之间所需的最短时间。

（17）计算机的主要功能是______，而且在计算机内部所有的信息都是用______编码表示的。

（18）______就是用一组固定的符号和统一的规则来表示数值的方法，常用的数制有______、______、______和______。

（19）将十进制数521.75转换成的二进制数为______。

（20）将十进制数8432转换成的八进制数为______。

（21）将十进制数6492转换成的十六进制数为______。

（22）将二进制数110011转换成的十进制数为______。

（23）将二进制数 11101100.011 转换成的八进制数为____。

（24）将二进制数 10101101.101 转换成的十六进制数为____。

（25）将八进制数 3465.24 转换成的十进制数为____。

（26）将八进制数 675 转换成的二进制数为____。

（27）将八进制数 4631 转换成的十六进制数为____。

（28）将十六进制数 2A4C 转换成的十进制数为____。

（29）将十六进制数 B5D2 转换成的二进制数为____。

（30）将十六进制数 3A8E 转换成的八进制数为____。

（31）计算机中最小的数据单位是____。

（32）计算机中表示存储容量的基本单位是____。

（33）运算器是以____为单位进行运算的，而控制器是以____为单位进行接收和传递的。

（34）国标码的两个字节的最高位都为____。

（35）汉字机内码的两个字节的最高位都为____。

（36）计算机病毒的特征包括____、____、____、____、____和____。

（37）计算机病毒按破坏程度分为____和____。

（38）计算机病毒按链接方式分为____、____、____和____。

（39）计算机病毒按传染方式分为____、____和____。

（40）键盘通常分为 5 个区____、____、____、____、____。

（41）基准键位是指主键盘上的____、____、____、____、____、____、____、____8 个键。

（42）按组合键____可快速切换各种输入法。

2.单项选择题

（1）第三代计算机采用的元器件主要是（　）。

A.电子管理　　B.晶体管

C.中小规模集成电路　　D.超大规模集成电路

（2）个人计算机简称PC，这种计算机属于（　）。

A.小型计算机　　B.巨型计算机

C.微型计算机　　D.工作站

（3）以下应用中不属于信息处理的是（　）。

A.人事管理　　B.财务管理

C.情报检索　　D.桥梁设计

（4）计算机辅助设计的英文缩写是（　）。

A.CAI　　B.CAD

C.CAM　　D.CAE

（5）CPU 是计算机系统的核心硬件，它是由（　）组成。

A.运算器 控制器　　B.运算器 存储器

C.控制器 存储器　　D.运算器 加法器

(6) CPU 中控制器的主要功能是（　）。

A.进行算术运算　　B.对运算速度进行控制

C.进行逻辑运算　　D.对指令进行分析、执行

(7) 计算机的主机是由（　）组成。

A.运算器和控制器　　B.CPU 和内存储器

C.CPU 和外部设备　　D.CPU 和外存储器

(8) 计算机的存储器包括（　）两大类。

A.ROM 和 RAM　　B.内存储器和硬盘

C.内存储器和外存储器　　D.光盘和硬盘

(9) 只读存储器通常简称为（　）。

A.RAM　　B.ROM

C.CMOS　　D.CIMS

(10) 计算机的软件系统一般分为（　）两部分。

A.DOS 和 Windows　　B.OS 和计算机语言

C.系统软件和应用软件　　D.程序和数据

(11) 直接用二进制代码编写的语言是（　）。

A.汇编语言　　B.C 语言

C.机器语言　　D.高级语言

(12) 以下不属于计算机高级语言的是（　）。

A.Java 语言　　B.C++ 语言

C.汇编语言　　D.Visusal C++ 语言

(13) 计算机的操作系统是一种（　）。

A.绘图软件　　B.应用软件

C.系统软件　　D.字处理软件

(14) 计算机的内存容量通常是指（　）。

A.RAM 和 ROM 的容量总和　　B.RAM 的容量

C.ROM 的容量　　D.RAM，ROM 和硬盘的容量总和

(15) 存储容量通常用的计量单位有 B、KB、MB 和 GB，那么，1KB 等于多少 B（　）。

A.1000　　B.1048

C.1024　　D.1002

(16) 在计算机内部所有的信息都是用（　）形式表示的。

A.十六进制　　B.二进制

C.ASCII 码　　D.BCD 码

(17) 数字字符 3 的 ASCII 码十进制数为 51，数字字符 7 的 ASCII 码十进制数为（　）。

A.54　　B.55

C.56　　D.57

(18) 在计算机中，(　) 个二进制位组成一个字节。

A.1　　B.2

C.4　　D.8

(19) 以二进制为单位，那么，"1+1"应该是 (　)。

A.0　　B.1

C.2　　D.10

(20) 十进制数 34.825 等于二进制数 (　)。

A.100010.111　　B.1000110.000

C.100011.110　　D.100001.111

(21) 十进制数 6734 等于八进制数 (　)。

A.15117　　B.15114

C.15116　　D.61151

(22) 十进制数 7942 等于十六进制数 (　)。

A.1EC0　　B.1EA2

C.1F06　　D.60F1

(23) 二进制数 101101 等于十进制数 (　)。

A.58　　B.90

C.46　　D.45

(24) 二进制数 110101 等于八进制数 (　)。

A.65　　B.56

C.53　　D.35

(25) 二进制数 1011001 等于十六进制数 (　)。

A.112　　B.89

C.59　　D.95

(26) 八进制数 764.32 等于十进制数 (　)。

A.500.40625　　B.4003.25

C.500.143625　　D.500.25

(27) 八进制数 643 等于二进制数 (　)。

A.110110010　　B.11010011

C.101000011　　D.110100011

(28) 八进制数 437 等于十六进制数 (　)。

A.11F　　B.572

C.9F　　D.665

(29) 十六进制数 D3A 等于二进制数 (　)。

A.110100111010　　B.101011001011

C.110100111111　　D.1101111010

(30) 十六进制数 4C2F 等于八进制数 (　)。

A.1467　　　　B.11457
C.46057　　　　D.7641

(31) 十六进制数 E79B 等于十进制数（　）。
A.147911　　　　B.47486
C.948656　　　　D.59291

(32) 在汉字系统中，一个汉字的机内码的字节数是（　）。
A.1　　　　B.2
C.4　　　　D.8

(33) 国标码和汉字机内码的两个字节的最高位分别是（　）。
A.0 和 0　　　　B.0 和 1
C.1 和 1　　　　D.1 和 0

(34) 在下面所列的设备中不属于输入设备的是（　）。
A.手写笔　　　　B.鼠标
C.键盘　　　　D.显示器

(35) 以下哪种病毒的类型不属于按传染方式不划分的（　）。
A.引导型病毒　　　　B.文件型病毒
C.入侵型病毒　　　　D.网络型病毒

3.多项选择题

(1) 与第一代计算机有关的说法有（　）。
A.1960 年　　　　B.电子管
C.晶体管　　　　D.科学计算
E.集成电路　　　　F.自动控制

(2) 计算机的发展趋势是（　）。
A.巨型化　　　　B.微型化
C.网络化　　　　D.小型化
E.智能化　　　　F.多媒体化

(3) 计算机的特点（　）。
A.运算速度快　　　　B.计算精度高
C.存储容量大　　　　D.具有逻辑判断能力
E.通用性强　　　　F.具有自动执行能力

(4) 计算机按性能可以分为（　）。
A.超级计算机　　　　B.小巨型机
C.大型计算机　　　　D.小型计算机
E.工作站　　　　F.微型计算机

(5) 信息处理是指对各种数据进行（　）等一系列活动的统称。
A.收集　　　　B.存储
C.整理　　　　D.分类

E.统计　　F.加工

(6) 人工智能是指利用计算机系统模仿人类的（　）等智能活动。

A.感知　　B.思维
C.推理　　D.语言
E.行走　　F.情感

(7) 系统软件包括（　）。

A.操作系统　　B.支撑软件
C.语言处理程序　　D.数据库管理程序
E.应用软件

(8) 既可以读出数据，也可以写入数据且断电后数据消失的是（　）。

A.RAM　　B.ROM
C.优盘　　D.外存储器
E.随机存储器　　F.只读存储器

(9) 计算机主机包括（　）。

A.运算器　　B.控制器
C.随机存储器　　D.输出设备
E.外存储器　　F.只读存储器

(10) 衡量一个计算机系统的性能的主要因素有（　）。

A.字长　　B.时钟主频
C.运算速度　　D.OS 的性能
E.存取周期　　F.外部设备
G.内存容量

(11) 程序设计语言分为（　）。

A.机器语言　　B.低级语言
C.计算机语言　　D.汇编语言
E.高级语言

(12) 计算机系统包括（　）。

A.信息管理系统　　B.硬件系统
C.软件系统　　D.数据库管理系统

(13) 与十进制数 654 相等的有（　）。

A.$(1010001110)_2$　　B.$(111000101)_2$
C.$(705)_8$　　D.$(1216)_8$
E.$(28E)_{16}$　　F.$(1C5)_{16}$

(14) 与二进制数 1011001 相等的有（　）。

A.89　　B.197
C.$(131)_8$　　D.$(541)_8$
E.$(59)_{16}$　　F.$(B2)_{16}$

(15) 与八进制数 475 相等的有（　）。

A. 439　　B. 317
C. $(111011011)_2$　　D. $(100111101)_2$
E. $(1B7)_{16}$　　F. $(13D)_{16}$

(16) 与十六进制数 D4E 相等的有（ ）。

A. 3406　　B. 13414
C. $(110101001110)_2$　　D. $(11010000111110)_2$
E. $(6516)_8$　　F. $(32076)_8$

(17) 计算机中的信息用二进制表示，而常用的单位有（ ）。

A. 位　　B. 字节
C. 字　　D. 词

(18) 汉字编码一般分为（ ）。

A. 国标码　　B. 汉字机内码
C. 汉字输入码　　D. 区位码
E. 汉字字形码　　F. BCD 码

(19) 汉字字形点阵有（ ）等。

A. 8 × 8　　B. 16 × 16
C. 32 × 32　　D. 24 × 24

(20) 按链接方式可以将病毒分为（ ）。

A. 源码型病毒　　B. 入侵型病毒
C. 操作系统型病毒　　D. 外壳型病毒
E. 文件型病毒　　F. 引导型病毒

4. 判断题

(1) 第四代计算机（1971 年至今）的元器件大都采用大规模集成电路或超大规模集成电路。( )

(2) 三网合一的系统工程就是将计算机网、电信网和有线电视网合为一体。( )

(3) 计算机是一种可以进行自动控制、具有记忆功能和信息处理的工具。( )

(4) 个人计算机属于微型计算机，工作站就属于小型计算机。( )

(5) 计算机网络就是计算机技术和现代通信技术的结合。( )

(6) 计算机最早的应用是科学计算也称数值计算。( )

(7) 多媒体的关键技术是数据压缩技术。( )

(8) 未来的计算机将是微电子技术、光学技术、多媒体技术和网络技术相结合的产物。( )

(9) RAM 既可以读出数据，也可以写入数据，断电后数据不会消失。( )

(10) 过程控制又称实时控制，是指用计算机实时采集检测数据，进行处理和判断，对控制对象进行自动控制或自动调节。( )

(11) 操作系统是直接运行在计算机硬件上的最基本的系统软件，是系统软件的核心。( )

（12）程序设计语言分为机器语言、汇编语言和高级语言三类。（ ）

（13）计算机采用的“存储程序”原理是由美籍匈牙利数学家冯·诺依曼提出的。（ ）

（14）编译程序是把高级语言所写的程序作为一个整体进行处理，而解释程序是对高级语言程序逐句解释执行，C 语言就属于解释型。（ ）

（15）应用软件是用户为了解决实际应用问题而编制开发的专用软件，不需要操作系统的支持。（ ）

（16）机器语言是最低层的计算机语言，所以与其他程序设计语言相比，其执行速度慢，效率也最低。（ ）

（17）B、KB、MB 及 GB 都是计算机存储容量的计量单位。（ ）

（18）汉字字形码是指汉字字形点阵的编码，而目前汉字字形的产生方式大多是以点阵方式形成。（ ）

（19）字长是指计算机执行一次运算所能并行处理的二进制数的数位。（ ）

（20）MIPS 是计算机运算速度的单位。（ ）

（21）存取周期是指 CPU 从内存储器中连续进行两次独立的存取操作之间所需的最长时间。（ ）

（22）计算机内部一律采用二进制表示数据和信息。（ ）

（23）字节是计算机中表示存储容量的基本单位，一个字符占一个字节，一个汉字也占一个字节。（ ）

（24）运算器是以字为单位进行运算的，而控制器是以字节为单位进行接收和传递的。（ ）

（25）标准的 ASCII 码是 7 位二进制编码，以一个字节来存储，其最高位为 1。（ ）

（26）计算机病毒是一种人为编制的特殊的计算机程序。（ ）

（27）计算机有三种启动方式，分别是冷启动、热启动和复位启动。（ ）

（28）冷启动会清空计算机内存数据，热启动和复位启动不会清空内存数据。（ ）

（29）关机的顺序是当主机电源被自动关闭后，再关闭外部设备。（ ）

（30）常用的汉字输入法有拼音和五笔两种。（ ）

第2章　中文版Windows XP操作系统

本章学习目标：

(1) Windows XP的桌面组成。

(2) Windows XP的基本操作。

(3) Windows XP资源管理器的操作。

(4) Windows XP的系统设置。

(5) Windows XP的其他操作。

2.1　Windows XP的桌面组成

桌面是用户与系统交流的重要地方，中文版Windows XP的所有操作都从这里开始。

第一次启动Windows XP后，注意观察Windows XP的桌面，如图2-1-1所示。

图2-1-1

整个窗口只有一个“回收站”图标，可看出桌面主要由桌面图标、桌面背景和任务栏三部分组成。

2.1.1　桌面图标

桌面图标是由一个形象的图片和相关说明文字组成，其中图片作为它的标识，文字表示它的名称或者功能。用户可以根据实际情况添加相应的桌面图标，也可以更改图标及其名称。

2.1.2　任务栏

任务栏在屏幕的最下方，它主要由“开始”按钮、快速启动栏、应用程序列表和通知区组成，如图2-1-2所示。

图2-1-2

2.2 Windows XP 的基本操作

双击桌面上的“我的电脑”图标，打开“我的电脑”窗口，注意观察窗口的组成，如图 2-2-1 所示。

图 2-2-1

2.2.1 窗口的基本操作

1.用鼠标操作窗口

将鼠标指针移动到“我的电脑”的标题栏，拖动它可把窗口移动到桌面的任何位置。

单击最大化按钮、还原按钮、最小化按钮，观察窗口的变化。

用鼠标调整窗口大小。将鼠标指针移动到“我的电脑”窗口的左、右边框上，当鼠标指针变为“↔”形状时，按住鼠标指针并水平拖动鼠标，注意观察窗口在水平方向上的改变；将鼠标指针移动到“我的电脑”窗口的上、下边框上，当鼠标指针变为“↕”形状时，按住鼠标指针并上下拖动鼠标，注意观察窗口在垂直方向上的改变；将鼠标指针移动到“我的电脑”窗口的四个角落上，当鼠标指针变为“⤢”或“⤡”形状时，按住鼠标指针并拖动鼠标，注意观察窗口在水平和垂直方向上的改变。

2.用键盘操作窗口

按“Alt+空格”组合键激活控制菜单，然后利用上、下箭头键选择移动、最大化、最小化、大小、还原以及关闭命令对窗口进行操作。注意观察窗口在执行相应命令后的变化。

2.2.2 菜单的基本操作

1.基本操作

打开“我的电脑”窗口，用鼠标选择“查看”→“工具栏”→“标准按钮”，然后单击，注意观察窗口变化。

打开“我的电脑”窗口，按“Alt+V”组合键，打开“查看”菜单，然后按“↓”键，

将高亮条依次移动到“缩略图”、“平铺”、“图标”、“列表”等菜单命令，分别按回车键，观察窗口的变化。

2.自定义“开始”菜单

将“开始”→“所有程序”→“附件”→“记事本”菜单命令放入“开始”→“所有程序”→“启动”菜单下，具体的操作方法可选下列方法之一。

方法一：拖动“开始”→“所有程序”→“附件”→“记事本”菜单命令到“开始”→“所有程序”→“启动”菜单的右侧，注意观察，当其颜色变深时，松开鼠标。

方法二：在“任务栏”的空白处单击鼠标右键，在弹出的快捷菜单中单击“属性”菜单项，打开“任务栏和「开始」菜单属性”对话框，在该对话框的“「开始」菜单”选项卡中选定“经典「开始」菜单”单选按钮，单击“自定义”按钮，如图2-2-2所示。

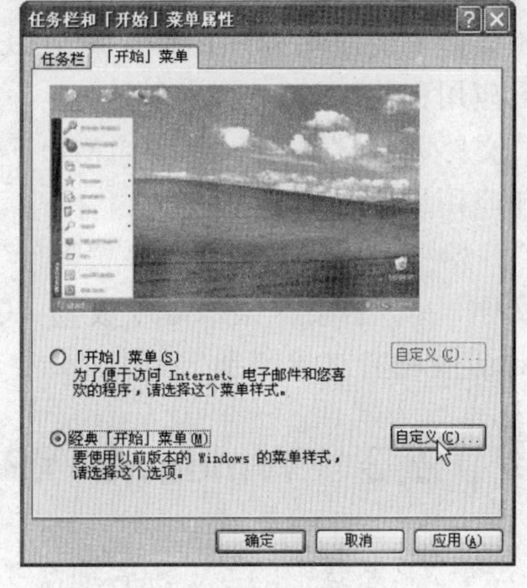

图2-2-2

弹出“自定义经典「开始」菜单”对话框，如图2-2-3所示。

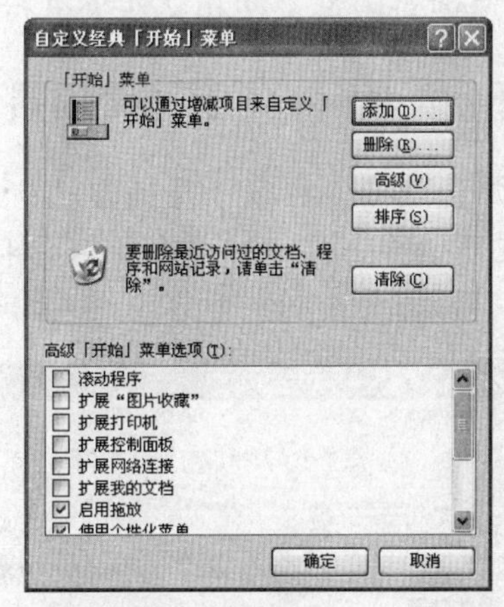

图2-2-3

单击“添加”按钮，弹出“创建快捷方式”向导对话框，如图2-2-4所示，按照向导对话框进行操作。

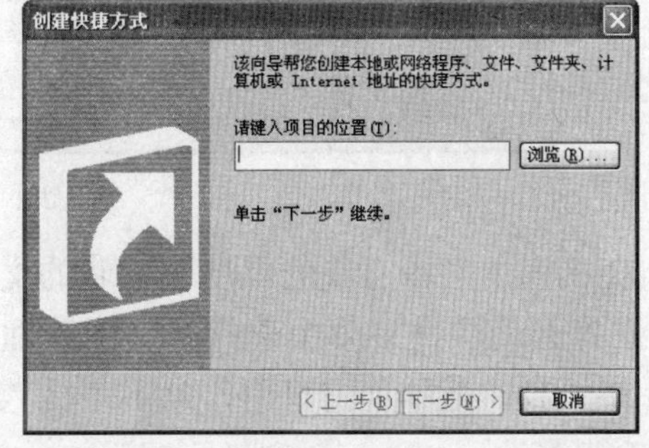

图2-2-4

注意

记事本程序对应的文件是“C:\WINDOWS\system32\notepad.exe”，在“选择程序文件夹”对话框中的“请选择存放该快捷方式的文件夹”下拉列表中选择“启动”选项，单击“完成”按钮。

2.2.3 应用程序和对话框的基本操作

1.切换应用程序。

单击任务栏上的应用程序图标，就可以在不同的程序间切换。

2.退出应用程序。

选择“文件”→“退出”或按“Alt+F4”组合键都可退出需要关闭的应用程序。

3.打开应用程序和对话框

选择“开始”→“所有程序”→“附件”→“写字板”程序，打开“写字板”窗口。再选择“文件”→“打开”菜单命令或按“Ctrl+O”组合键，都可打开“打开”对话框。注意观察对话框和窗口的区别。

2.3 Windows XP资源管理器的操作

Windows XP系统中的“资源管理器”是用来管理文件和文件夹的工具程序，用户使用它可以迅速地对磁盘文件和文件夹进行复制、移动、删除和查找等。

2.3.1 打开Windows XP资源管理器

打开“资源管理器”有以下几种方法：

● 选择“开始”→“所有程序”→“附件”→“Windows资源管理器”命令，可以打开“资源管理器”窗口，如图2-3-1所示。

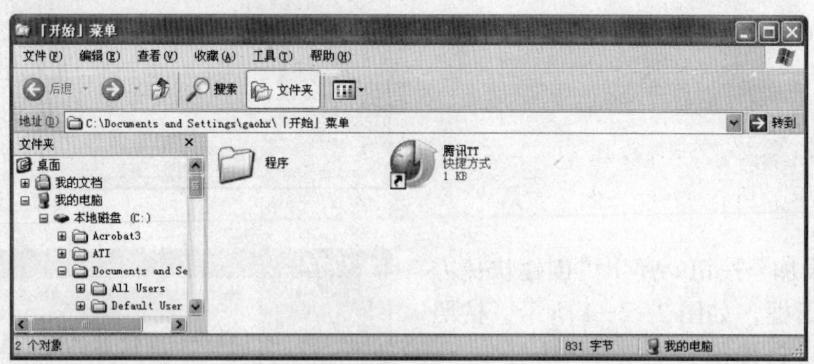

图2-3-1

● 在桌面上右击“我的电脑”、“我的文件”、“回收站”或“开始”按钮等任何一个对象，在打开的快捷菜单中选择“资源管理器”命令，可以打开“资源管理器”窗口。

● 在“我的电脑”窗口中，单击工具栏上的“文件夹”按钮，可以切换到“资源管理器”窗口。

2.3.2　调整Windows XP资源管理器

1.调整窗口的大小

将鼠标指针移动到“资源管理器”窗口的左、右边框上，当鼠标指针变为“↔”形状时，按住鼠标左键并向左或向右拖动鼠标可以调整窗口的大小；在其他方向的上的操作，可参照调整窗口的相应操作。

2.显示工具栏

资源管理器窗口中默认显示的工具栏包括标准工具栏、地址栏。使用“查看”→“工具栏”中相应的菜单命令，可以显示或不显示工具栏，如标准工具栏、地址栏、链接。

3.展开和折叠文件或文件夹

在资源管理器左窗格的文件夹树型结构中，若磁盘盘符或文件夹前面有“+”号时，说明其下还有文件夹或子文件夹，但是还没有展开。单击“+”号，即可展开该文件夹，原来的“+”号变成“-”号；再次单击“-”号，则可将该文件夹折叠，原来的“-”号变成“+”号。

4.改变文件或文件夹的显示方式

在右窗格的文件及文件夹中的内容有缩略图、平铺、图标、列表、详细信息5种显示方式。单击工具栏中的“查看”按钮，可以看到这些不同的显示方式，逐一选定并比较每种显示方式的特点。

5.浏览文件夹中的内容。

在资源管理器窗口中，左窗格显示文件夹树型结构，右窗格显示当前文件夹的内容和工作区等。在左窗格中选定文件夹后，右窗格就会显示出该文件夹的内容。当改变左窗格中的当前文件夹时，右窗格的内容也随之改变，显示出新的当前文件夹的内容。

注意

双击右边窗格中的文件夹也可以显示出该文件夹下的内容。

6.改变文件及文件夹的排序。

在“查看”→“详细信息”的显示方式下，右窗格的顶部有“名称”、“大小”、“类型”及“修改日期”四个按钮，根据左窗格显示的内容不同，显示的按钮略有不同，要注意观察。当单击其中任意一个按钮时，右窗格中的内容将会有不同的排列顺序。按钮上有向上的箭头表示按升序排列，有向下箭头表示按降序排列，通过单击该按钮可以切换升序或降序的排序方式。要注意观察窗格中内容的变化。

2.3.3　使用Windows XP资源管理器

在Windows XP资源管理器中可以管理计算机的所有资源，如硬盘、光盘、网上邻居等，更可以方便地对各种文件及文件夹进行操作，主要包括选定、打开、创建、移动、复制、删除、恢复、重命名、查找、属性设置等。

1.文件或文件夹的创建

在“资源管理器”窗口中，可在任意一个文件夹里直接创建一个新的文件或文件夹。以创建文件夹为例。

选定D盘，再选择“文件”→“新建”→“文件夹”菜单命令，这时在打开的D盘右边的窗格中出现名为“新建文件夹”的文件夹，删除“新建文件夹”字样，然后输入“zw”，按鼠标左键或回车确认。这样就在D盘下创建了一级文件夹“zw”。再选定左窗格中的zw文件夹，用同样方法在zw文件夹下分别建立zw1和zw2两个二级子文件夹。

2.文件或文件夹的选定

对文件和文件夹进行各种操作前，首先要进行选定。一次可以选定一个或多个文件或文件夹，被选定的文件和文件夹呈蓝底白字。下面是各种选定文件或文件夹的操作，要注意观察操作的结果。

选定单个：单击文件或文件夹图标。

选定连续的多个：先单击第一个，按下Shift键，再单击最后一个。也可以在第一个文件或文件夹图标的左上角按下鼠标左键，拖动鼠标指针至最后一个文件名的右下角，用出现的虚线框围住所要选定的对象。

选定不连续的多个：按住Ctrl键，逐个单击要选择的文件或文件夹图标。

选定某一类：选择“查看”→“排列图标”菜单命令，选择“按名称”、“按类型”、“按大小”、“按修改时间”中的4种排列方式之一，将同一类文件排列在一起，然后选定。

反向选择：选择“编辑”→“反向选择”命令，将所有文件或文件夹反向选择，即选定变成不选，没选的变成选定。

3.文件或文件夹的打开

通常，双击一个对象即可打开该对象文件。打开文件或者文件夹的常用方法有以下几种：

双击文件或文件夹的名称或图标。

选定文件或文件夹后，按回车键。

选定文件或文件夹后，选择“文件”→“打开”命令。

右击文件或文件夹的名称或图标，在弹出的快捷菜单中选择“打开”命令。

4.重命名文件或文件夹

重命名文件或文件夹有以下方法：

连续单击两次文件或文件夹的名称框，在名称框中输入新名，按回车键。

首先选定要重命名文件或文件夹，选择“文件”→“重命名”命令，在文件或文件夹名称框中输入新名后按回车键。

右击要重命名的文件或文件夹，在弹出的快捷菜单中选择“重命名”命令，在文件或文件夹名称框中输入新名，按回车键。

5.文件或文件夹的移动

移动文件或文件夹：选定文件或文件夹后，按下左键拖动鼠标，到目的位置松开左键。

选定文件或文件夹后，选择“编辑”→“剪切”，到目的位置后，再选择“编辑”→“粘贴”命令或者按快捷键“Ctrl+X”、“Ctrl+V”也可以对文件或文件夹进行移动。

练习任选一种命令将D盘下的zw文件夹下zw1移动到zw2文件夹下。

6.文件或文件夹的复制

选定需要复制的文件或文件夹后，在拖放的同时按住Ctrl键。

选定文件或文件夹后，再选择“编辑”→“复制”命令，到目的位置后，再选择“编

辑”→“粘贴”命令或者按快捷键“Ctrl+C”和“Ctrl+V”。

练习任选一种命令将D盘zw文件夹下的zw2文件夹下的zw1文件夹复制到zw文件夹下。要注意观察文件或文件夹的复制和移动的区别。

7.删除文件或文件夹

一般情况下，删除的文件或文件夹放入“回收站”。具体有以下几种操作方法。

选定要删除的文件或文件夹，按Delete键。

选定要删除的文件或文件夹，执行“文件”→“删除”命令。

选定要删除的文件或文件夹，将其直接拖动到“回收站”中。

选定要删除的文件或文件夹，右击鼠标，在弹出的快捷菜单中选择“删除”命令。

练习任选一种命令将D盘zw文件夹下的zw2文件夹下的zw1文件夹删掉。

8.恢复文件或文件夹

删除在“回收站”的文件或文件夹可以恢复，具体的操作方法是双击“回收站”图标，弹出“回收站”窗口，然后：

选定要恢复的文件或文件夹，并执行“文件”→“还原”命令。

选定要恢复的文件或文件夹，再单击窗口左侧的“还原”按钮。

鼠标右键单击要恢复的文件或文件夹，在快捷菜单中的“还原”命令。

练习任选一种命令将“回收站”中的zw1文件夹恢复，再打开D盘查看zw文件夹下zw2下的zw1文件夹是否恢复。

注意

但是在以下几种情况下，被删除的文件是不能恢复的：

选择“删除”命令的同时按住了Shift键。

一个大于回收站剩余容量的文件被删除。

使用“清空回收站”命令删除的回收站中的文件。

9.文件与文件夹属性的查看与设置

选定要查看与设置属性的文件或文件夹，选择“文件”→“属性”命令，可以打开文件属性对话框。

选中要查看与设置属性的文件或文件夹，再右击对象，在打开的快捷菜单中选择“属性”命令，也打开文件属性对话框。打开的可进行文件属性查看与设置的对话框，如图2-3-2所示。

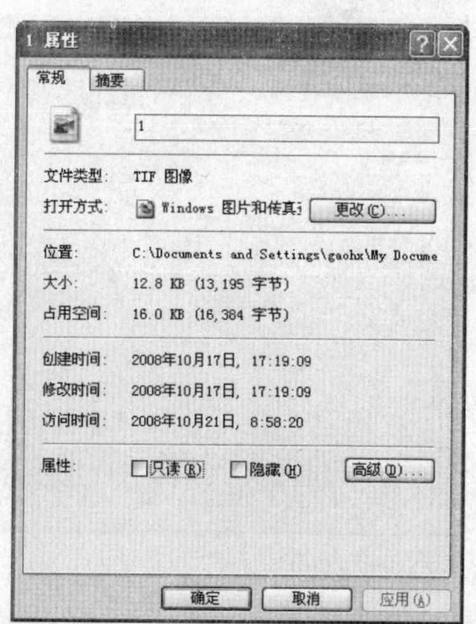

图2-3-2

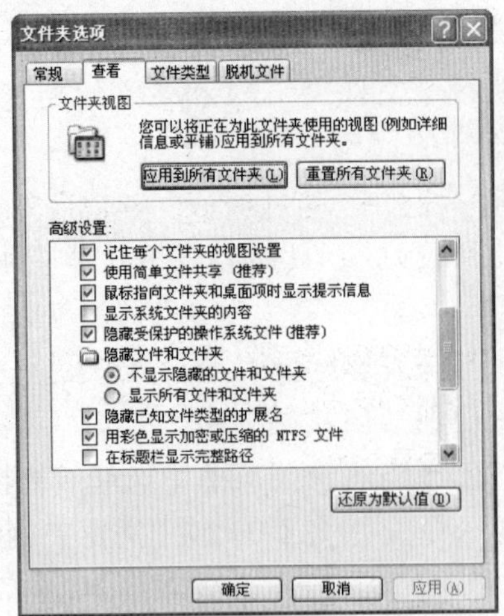

图 2–3–3

如果想使隐藏属性的文件或文件夹在窗口中不显示，可选择“工具”→“文件夹选项”菜单命令，打开“文件夹选项”对话框，选择“查看”选项卡，再选中“不显示隐藏的文件和文件夹”单选按钮，如图 2–3–3 所示。

注意

如果窗口中看不到已知文件的扩展名，可取消勾选“隐藏已知文件类型的扩展名”复选框，即可显示所有类型的扩展名。在对文件更名时要注意此项选择。

2.4 Windows XP 的系统设置

Windows XP 中有一个控制面板，是对 Windows XP 进行设置的工具集，使用工具集中的工具能够对系统进行各种设置，可个性化用户的计算机。最常用的设置有设置日期和时间、设置键盘、设置鼠标、设置显示器属性等。

2.4.1 控制面板

单击“开始”→“控制面板”命令，弹出“控制面板”窗口，如图 2–4–1 所示。该窗口的经典视图中包含近 30 个系统设置工具的图标，双击某个图标，系统会打开一个窗口或对话框，用户可进行相应的设置。

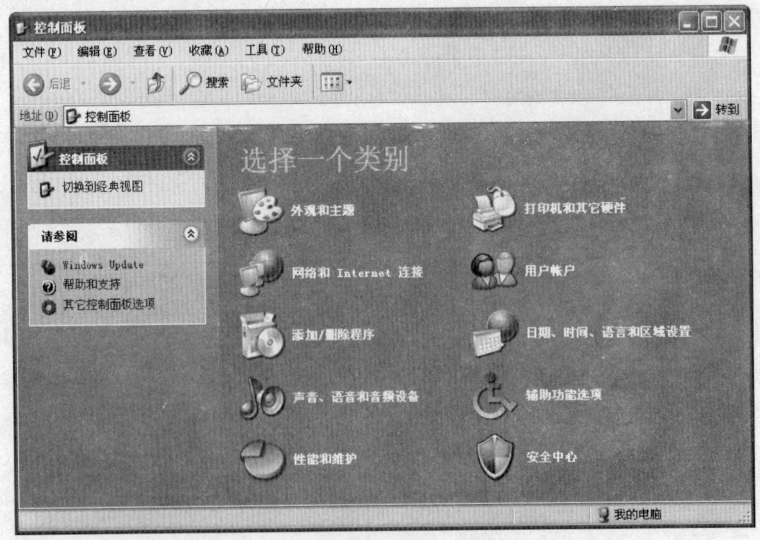

图 2–4–1

Windows XP 中的控制面板分成两种视图：分类视图和经典视图，单击控制面板左

侧窗格中“切换到经典视图”按钮切换到经典视图。注意观察两种视图显示的区别。

2.4.2　设置日期和时间

允许用户更改存储于计算机BIOS中的日期和时间，更改时区，并通过Internet时间服务器同步日期和时间。

更改日期和时间的操作步骤如下：

(1) 在“控制面板”经典视图中，双击“日期和时间”图标或双击“任务栏”中的“日期和时间”图标，弹出“日期和时间 属性”对话框，如图2-4-2所示。

图2-4-2

(2) 在“日期”选项栏中的“年份”选项中可通过微调按钮调节年份；在“月份”下拉列表中可选择月份；在“日期”列表框中可选择日期和星期；在“时间”选项栏中的“时间”文本框中可输入或调节准确的时间。

2.4.3　设置鼠标

在“控制面板”经典视图中双击“鼠标”项，打开“鼠标 属性”对话框，如图2-4-3所示。可以对鼠标键、指针、指针选项等进行设置。

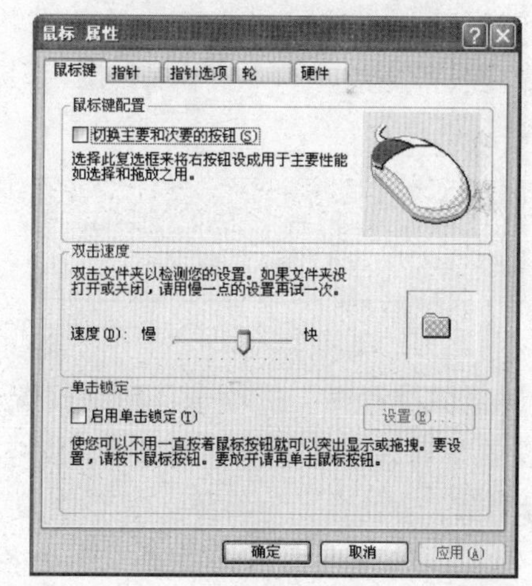

图2-4-3

“鼠标键”选项卡：在“鼠标键配置”中选择“切换主要和次要的按钮”复选框，可改变左右手按键习惯。

“指针选项”选项卡：用以设置鼠标指针的移动速度。

2.4.4　设置键盘

在“控制面板”经典视图中双击“键盘”图标，打开“键盘 属性”对话框，如图2-

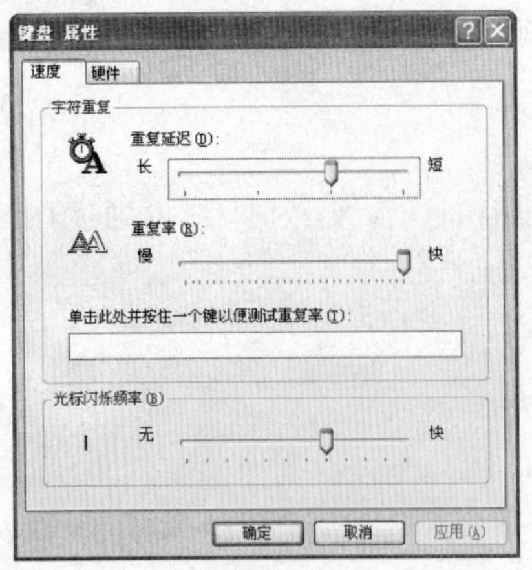

图 2-4-4

4-4 所示。可以对键的“速度”和“硬件”进行设置，包括光标闪烁速率和按键重复速率。

2.4.5 设置显示器属性

设置显示器属性可改变计算机的显示特性，如桌面壁纸、屏幕保护程序、显示分辨率等。

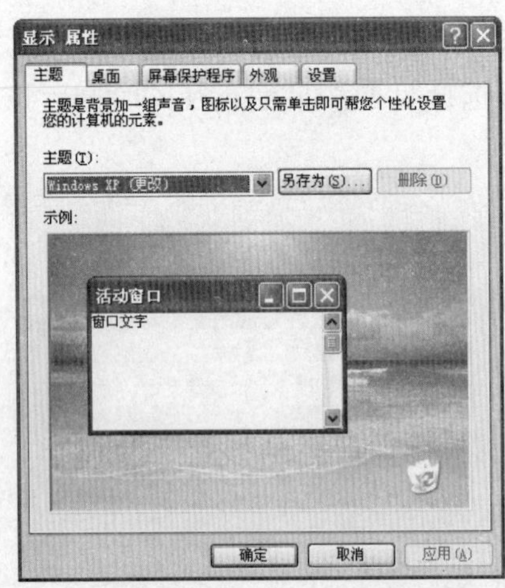

图 2-4-5

在“控制面板”中双击“显示”项，或在桌面空白处单击鼠标右键，从快捷菜单中选择“属性”命令，打开“显示 属性”对话框，如图 2-4-5 所示。

(1)“主题”选项卡：用于设置桌面采用的主题，试着设置几种不同主题，注意观察各种主题的主要区别。

(2)“桌面”选项卡：用于选择桌面墙纸所用的 HTML 文档或图标，以及显示方式，试选择自己喜欢的一张图片并将其定义为桌面背景。

(3)“屏幕保护程序”选项卡：用来设置和预览屏幕保护程序，设置监视器的节能特征等。试设置屏幕保护程序为“字幕”，文字的内容为“计算机应用基础”，文字格式中“字体”为幼圆，“字形”为斜体，等待时间为“2 分钟”。

(4)“外观”选项卡：用于设置桌面上各种元素的外观，包括颜色、字体等。

(5)“设置”选项卡：用于设置显示器的颜色质量（一般设置为增强色）和屏幕分辨率（要根据自己的显卡的性能来设置）。

2.4.6 添加用户和修改用户密码

在“控制面板”中双击“用户账户”项。打开“用户账户”窗口，如图 2-4-6 所示。

单击“创建一个新账户”在出现的对话框里，输入用户名“xuexi”，设置密码为“111111”，然后再填写一些其他的相关信息。

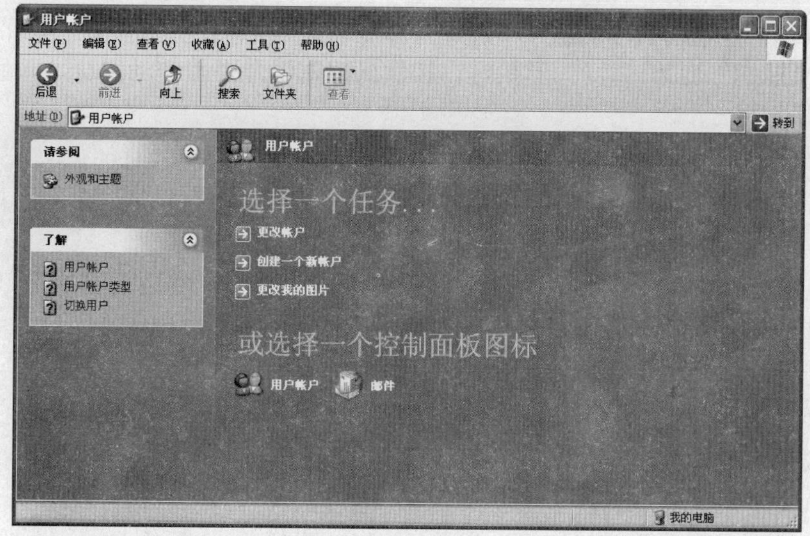

图 2-4-6

若更改一个用户的密码。只需在“用户账户”窗口中，单击该用户，然后单击“更改密码”，在弹出的对话框中输入新的密码即可。

2.5　Windows XP 附件的使用

Windows XP 的附件中包括很多常用的应用程序，如写字板、记事本、计算器、画图等，这里主要练习写字板的使用。

单击“开始”→“所有程序”→“附件”→“写字板”。启动“写字板”，录入下面文字，并按下列要求排版：

标题用“黑体”24 磅、居中；正文用“宋体”12 磅，左对齐，如图 2-5-1 所示。

毛遂自荐

在战国的时候，有权有钱的人很喜欢供养一些有才能的人，以增强自己的势力，在有事、需要有人出意见的时候，就让他们策划谋略，替自己解决问题。这样的人被称做食客，也叫门下客。

赵国的宰相平原君势力庞大，家中养了几千名食客。其中有位叫毛遂的食客，待了三年，都没有什么别的贡献，平原君里然觉得很奇怪，却也没有埋怨，任由他在家中吃住。

后来，赵国的国都邯郸被秦军包围，情势非常危急。于是赵王派平原君到楚国，劝说楚王和赵国合作，共同出兵对抗秦国。平原君回家后，准备从食客中选出二十个文武全才的人一同前往，可是选来选去只有十九人合格，还差一个人。平原君正伤脑筋，毛遂突然走上前对平原君说：“我是最适合的人选，愿意跟从公子前往。”平原君说：“有才能的人在人群中，就好象一把锋利的锥子放在袋子里，立刻就会穿破袋子，显露锋芒。而你在我这三年，却没有杰出的表现，我看你还是留下吧！”毛遂回答：“我是现在才要进入袋子里，不然我这把锥子早就穿破袋子，显露出它的锋利，而且连锥柄都要穿出袋子了。”平原君心想，反正一时之间也找不到适合的人选，于是平原君就带着毛遂等二十人赶往楚国。

图 2-5-1

2.6　习　题

1. 填空

（1）第一次启动 Windows XP 系统后，桌面只有一个______图标。

（2）桌面上的任务栏通常位于屏幕的______。

（3）任务栏的系统通知区内主要显示的按钮有音量控制按钮、输入法按钮和______。

（4）通过单击______上的应用程序图标，就可以在不同的程序间切换。

（5）任务栏上的音量控制按钮所起的作用是______。

(6) 单击窗口最小化按钮▁后，窗口会缩小到____。

(7) 当鼠标指针变为“↔”形状时，按住鼠标左键并左右拖动鼠标，可以改变窗口在____方向上的大小。

(8) 按“Alt+F4”组合键所起的作用是____。

(9) 在资源管理器左边窗格中，若磁盘盘符或文件夹前面有“+”号时，说明其下还有____。

(10) 选定连续的多个文件或文件夹时，先单击第一个，然后需要按下____键。

(11) 选定不连续的多个文件或文件夹时，需要按住____键。

(12) 删除在____的文件或文件夹可以恢复。

(13) 在 Windows XP 资源管理器中可以管理____的所有资源。

(14) 在菜单中命令为灰色时表示____。

(15) 选定全部文件或文件夹的快捷键是____。

(16) 拖动窗口的标题栏可以进行窗口的____操作。

(17) 双击窗口的系统菜单可以____窗口。

(18) 使用“Alt+Tab”组合键可以在各个____之间切换。

(19) 在 Windows XP 中文件名最长可由____个字符组成。

(20) 在下拉式菜单命令右边有 ▸符号时表示该菜单命令有____。

(21) 按____组合键可以快速打开 Windows 的开始菜单。

(22) 文件的类型一般由文件的____表示。

(23) 系统文件的扩展名是____。

(24) 扩展名是 exe 表示的是____。

(25) 在 Windows 附件中提供的可以插入图形的字处理程序是____。

(26) 一般情况下，____属性的文件或文件夹在窗口中不显示。

(27) Windows 中若要添加或删除程序可以使用____中的添加／删除程序来完成。

(28) Windows 中改变桌面背景时可以用控制面板中的____命令。

(29) Windows 中用于临时保存文件、图像等对象的是____。

(30) 当不在同一驱动器上移动或复制文件夹时，若将源文件夹直接拖动到目标文件夹，执行的操作是____；若拖动时按下 Shift 键则执行的执行操作是____。

(31) 当在同一驱动器上移动或复制文件夹时，若将源文件夹直接拖动到目标文件夹，执行的操作是____；若拖动时按下 Ctrl 键则执行的执行操作是____。

(32) 按住____键删除的文件或文件夹不可以恢复。

(33) 双击____可以将窗口最大化或还原。

(34) 可以在对话框的不同控件间进行移动的按键是____键。

(35) 打开应用程序窗口的系统菜单时应使用____组合键。

(36) 当在应用程序菜单的后面有“...”号时表示选择该命令后会弹出一个____。

(37) 在 Windows 中，按____键可以复制整个屏幕的图形到剪贴板上。

(38) 在 Windows 中同，选择“编辑”菜单中的“复制”或“剪切”命令对应的快捷键分别是____和____。

（39）Windows XP的控制面板分成两种视图分别是＿＿＿和＿＿＿。

（40）在Windows中正常关机应使用“开始”菜单中的＿＿＿命令。

2.单项选择题

（1）Windows XP是一个（ ）操作系统。

A.单任务单用户　　B.单任务多用户

C.多任务单用户　　D.多任务多用户

（2）下列选项中，对任务栏描述错误的是（ ）。

A.任务栏的位置和大小均可以改变

B.任务栏上显示已打开的文档或运行的应用程序图标

C.任务栏不可隐藏

D.任务栏的最右端可以添加图标

（3）将鼠标指针移动到“我的电脑”窗口的上下边框上，当指针变为“↕”形状时，可进行的操作是（ ）。

A.移动窗口的位置　　B.横向调节窗口大小

C.向窗口插入图片　　D.纵向调节窗口大小

（4）下列选项中，关于对话框描述正确的是（ ）。

A.对话框不能改变大小，只能移动位置

B.对话框只能改变大小，不能移动位置

C.对话框不仅能改变大小也能移动位置

D.对话框不能改变大小也不能移动位置

（5）在对话框中，复选框是指在所列的选项中（ ）。

A.必须选多项　　B.只能选一项

C.可以选多项　　D.全部项都选

（6）在对话框中，单选按钮是一个小圆形，被选中后（ ）。

A.圆形中显示一个小点　　B.圆形中显示一个对勾

C.正方形中显示一个小点　　D.正方形中显示一个对勾

（7）用于显示文件夹属性的快捷键是（ ）。

A.“Alt+F4”　　B.“Alt+Space”

C.“Alt+Tab”　　D.“Alt+Enter”

（8）用于在各个活动窗口切换的快捷键是（ ）。

A.“Alt+Enter”　　B.Alt+F4

C.“Alt+Tab”　　D.“Alt+Space”

（9）当应用程序的窗口被最小化后，该应用程序（ ）。

A.将在后台运行　　B.将停止运行

C.显示出错信息　　D.暂时挂起

（10）可以复制当前窗口到剪贴板的组合键是（ ）。

A.“Alt+Space”　　B.“Alt+Esc”

C.“Alt+Print Screen”　　D.“Alt+Tab”

(11) Windows的文件夹是按一种（ ）来组织的。

A.树型结构　　B.网状结构

C.线型结构　　D.表格结构

(12) 任务栏中存放的是（ ）。

A.系统后台运行的程序　　B.系统正在运行的程序

C.系统保存的程序　　D.系统在前台运行的程序

(13) 在Windows中系统菜单图标在窗口的（ ）。

A.右下角　　B.左下角

C.左上角　　D.右上角

(14) 在Windows的资源管理器中，选择“查看”按钮下的（ ），会显示文件的“大小”和“修改日期”等信息。

A.列表　　B.详细信息

C.缩略图　　D.图标

(15) Windows 操作系统所具有的特点（ ）。

A.多任务　　B.图形界面

C.即插即用　　D.以上都对

(16) 下列选项中，不是文件属性的是（ ）。

A.图形　　B.只读

C.存档　　D.隐含

(17) 在树型文件夹结构中，最顶层的是（ ）。

A.程序　　B.磁盘

C.目录　　D.文档

(18) 定期进行磁盘碎片的整理可以（ ）。

A.修复文件系统错误　　B.恢复坏扇区

C.提高磁盘的读写速度　　D.增加硬盘容量

(19) Windows 的（ ）中不会有滚动条。

A.开始菜单　　B.程序窗口

C.下拉列表框　　D.对话框

(20) 在下面所列的对文件或文件夹进行删除的操作中，不正确的是（ ）。

A.选定要删除的文件或文件夹，按Delete键

B.选定要删除的文件或文件夹，选择“文件”→“删除”命令

C.选定要删除的文件或文件夹，直接拖动到“回收站”中

D.打开“控制面板”，使用“添加/删除程序”即可

(21) 在菜单操作时，在菜单名后有带下划线的字母，可以在按住（ ）键的同时，按此字母来进行操作。

A.Ctrl　　B.Alt

C.Space　　D.Enter

(22) Windows 提供了联机帮助的功能，按下（ ）键可以查看有关的帮助信息。

A.F1　B.F2

C.F3　D.F4

(23) 撤销上一次操作命令的组合键是（ ）。

A.“Ctrl+X”　B.“Ctrl+Z”

C.“Ctrl+A”　D.“Ctrl+C”

(24) 在Windows中，不合法的文件命名是（ ）。

A.xuexi_12　B.xue.xi.txt

C.学习　D.xue*xi

(25) Windows 桌面是指（ ）。

A.资源管理器　B.电脑桌面

C.活动窗口　D.Windows XP的工作背景

(26) 刚安装了Windows XP操作系统以后，桌面上只有一个图标是（ ）。

A.我的电脑　B.我的文档

C.回收站　D.网上邻居

(27) 启动Windows XP后，双击桌面上（ ）图标可浏览计算机上的所有内容。

A.我的电脑　B.我的文档

C.回收站　D.网上邻居

(28) 在下列选项中，对快捷方式描述错误的是（ ）。

A.可以更改快捷方式的图标　B.可以给文件夹创建快捷方式

C.不可以给打印机创建快捷方式　D.可以用快捷方式打开程序

(29) 在下列选项中，关于文件夹描述错误的是（ ）。

A.可以在移动硬盘上创建文件夹　B.可以在Windows桌面上创建文件夹

C.可以在资源管理器中创建文件夹　D.同一个文件夹下的子文件夹可以重名

(30) 在Windows中要删除一个应用程序，正确的操作是（ ）。

A.选定要删除的应用程序，按Delete键

B.选定要删除的应用程序，直接拖动到“回收站”中

C.打开“控制面板”，使用“添加/删除程序”即可

D.打开“MS-DOS”窗口，使用Del或Erase命令

3.多项选择题

(1) 桌面主要由三部分组成，分别是（ ）。

A.桌面图标　B.回收站　C.桌面背景

D.任务栏　E.我的电脑　F.我的文档

(2) 下列选项中，关于任务栏叙述正确的是（ ）。

A.任务栏最右端的时钟图标可以删除　B.任务栏的位置可以改变

C.利用任务栏可以快速切换活动窗口　D.任务栏不可以自动隐藏

E.任务栏主要由“开始”菜单、快速启动区、应用程序列表和系统通知区组成

F.任务栏只能保持在其他窗口的前端

(3) 下列选项中，关于“开始”菜单叙述正确的是（ ）。

A.“开始”菜单只能固定在屏幕的左下角

B.通过单击“开始”按钮便可打开“开始”菜单

C.“开始”菜单最上方标明了当前登录计算机的用户

D.通过“开始”菜单，用户可以实现对计算机的操作与管理

E.用户通过“开始”菜单可以关闭计算机

F.“开始”菜单的中间部分右侧是用户常用的应用程序的快捷启动项

(4) 窗口的组成一般包括（ ）。

A.标题栏　　B.任务栏　　C.菜单栏

D.工具栏　　E.滚动条　　F.“关闭”按钮

(5) 关闭窗口常用的方法有（ ）。

A.“Alt+F4”组合键　　B.“Ctrl+F4”组合键

C.单击窗口右上角的“关闭”按钮

D.单击窗口左上角的控制图标，选择“关闭”命令

E.使用“Ctrl+Alt+Delete”组合键，选择“结束任务”选项

F.选择“文件”→“关闭”菜单命令

(6) 计算机热启动的组合键是（ ）。

A.Space　　B.Ctrl

C.Alt　　D.Enter

E.Del　　F.Tab

(7) 在 Windows 中会有滚动条的是（ ）。

A.程序窗口　　B.开始菜单

C.对话框　　D.复选框

E.下拉列表框　　F.我的文档

(8) 对话框中包括的控制有（ ）。

A.选项卡、标签　　B.菜单栏

C.命令按钮　　D.单选按钮

E.文本框　　F.复选框

(9) 关于文件名叙述正确的是（ ）。

A.文件名不可以超过 128 个字符　　B.文件名中可以使用多个分隔符“.”

C.文件名允许使用空格、汉字　　D.文件名的首字符必须是字母

E.文件名不区分大小写字母　　F.文件名可以使用 *、？

(10) 文件夹可以设置的属性有（ ）。

A.只读　　B.系统

C.存档　　D.隐藏

(11) 通过“我的电脑”可以进行的操作有（ ）。

A.格式化磁盘　　B.给文件夹重新命名

C.打开“控制面板”　　D.设置文件属性
E.删除文件或文件夹　　F.查看硬盘的使用信息

(12) 在“资源管理器”中对文件或文件夹进行选定的操作描述正确的有（ ）。
A.可以选定连续的多个　　B.不能进行反向选择
C.可以同时选定多个文件夹中的文件　　D.选定不连续的多个
E.选定单个　　F.可以选定某一类

(13) 在Windows中要删除一个文件或文件夹，正确的操作有（ ）。
A.选定要删除的文件或文件夹，按Delete键
B.打开“控制面板”，使用“添加/删除程序”即可
C.选定要删除的文件或文件夹，选择“文件”→“删除”命令
D.选定要删除的文件或文件夹，右击鼠标，通过快捷菜单中的“删除”命令
E.选定要删除的文件或文件夹，按Enter键
F.选定要删除的文件或文件夹，直接拖动到“回收站”中

(14) 在“控制面板”中可以设置的有（ ）。
A.键盘　　B.回收站
C.任务栏　　D.鼠标
E.打印机和传真　　F.日期和时间

(15) 可以切换活动窗口的操作方法有（ ）。
A.Alt+Esc　　B.Alt+Tab
C.单击任务栏上的程序图标　　D.Alt+Esc
E.Ctrl+Esc　　F.Ctrl+Tab

(16) 在下面选项中，不属于音频文件扩展名的是（ ）。
A.exe　　B.zip
C.wav　　D.avi
E.mid　　F.doc

(17) 用写字板可以保存的文件类型有（ ）。
A.txt　　B.doc
C.ppt　　D.rtf
E.dot　　F.htm

(18) 安装应用程序的方法有（ ）。
A.通过“开始”→“运行”菜单命令
B.在“资源管理器”中运行
C.在“我的电脑”窗口中运行
D.在“控制面板”的“添加硬件”中运行
E.在“控制面板”的“添加/删除程序”中运行
F.通过“开始”→“搜索”菜单命令

(19) 在“我的电脑”的窗口左窗格的“其他位置”中有四个超链接，分别是（ ）。
A.网上邻居　　B.回收站　　C.共享文档

D.控制面板　　　　E.我的电脑　　　　F.我的文档

(20) 可以通过（ ）方式在 Windows 中搜索文件。

A.文件名　　　　B.文件的类型

C.文件的大小　　　　D.文件最后的修改时间

4.判断题

(1) Windows 是一个多任务多用户的操作系统。( )

(2)“开始”菜单的最下方是计算机控制菜单区域，包括“注销”和“关闭计算机”两个按钮。( )

(3) 用户可以添加其他的桌面图标，也可以更改桌面图标。( )

(4) 在 Windows 中每个用户可以有不同的桌面背景。( )

(5) 任务栏只能位于屏幕的最下方。( )

(6)“开始”按钮的位置和大小都可以改变。( )

(7) 用户单击任务栏上应用程序图标可以在不同的窗口间进行切换。( )

(8)“开始”菜单最上方标明了当前计算机系统的所有用户。( )

(9) 单击“开始”→“所有程序”菜单项将显示计算机系统中安装的所有程序。( )

(10) 单击“向下还原”按钮窗口会缩小到任务栏上。( )

(11) 单击“最小化”按钮程序并没有关闭只是转到后台运行。( )

(12) Windows 可以同时打开多个窗口、但只有一个是活动窗口。( )

(13) 硬盘中的文件被删除后，均可以从“回收站”来恢复。( )

(14) 在“资源管理器”和“我的电脑”两个窗口中都可实现对硬盘的格式化。( )

(15) 常用菜单有下拉式菜单和右击对象的快捷菜单。( )

(16) 文件名由主名和扩展名两部分组成，中间用圆点隔开。( )

(17) 文件名可以使用多个分隔符“.”，但不可以使用空格。( )

(18) 在“我的电脑”中可查看硬盘驱动器的大小、已用以及可用空间等信息。( )

(19) 在“资源管理器”中不可以查看硬盘驱动器的已用及可用空间等信息。( )

(20)“资源管理器”和“我的电脑”都是多文档用户界面窗口。( )

(21) 在 Windows 中利用安全模式可以解决系统不能启动的一些问题。( )

(22) 按住 Ctrl 键可以选定不连续的多个文件。( )

(23) 同一文件夹下的文件和文件夹不可以重名。( )

(24) 删除在“回收站”中的文件或文件夹都可以恢复。( )

(25) 执行磁盘查错程序可以修复文件系统的错误、恢复坏扇区等。( )

(26) 格式化磁盘会删除系统文件以外的全部文件。( )

(27) Windows 中鼠标的左、右键可以交换使用。( )

(28) Windows 中写字板和记事本的功能完全相同，都可以编辑文本、表格和图形。( )

(29)“画图”应用程序所支持的颜色数是由计算机的“显卡”性能决定的。( )

(30) 在 Windows 系统下，用户可以在进行其他操作的同时打印文件。( )

第3章　字处理软件 Word 2007

本章学习目标：

(1) Word 2007 的启动与退出。

(2) Word 文档的基本操作。

(3) Word 文档的排版。

(4) Word 文档与图片的混排。

(5) Word 文档的高级应用。

3.1　Word 2007 的启动与退出

3.1.1　Word 2007 的启动

● 如果桌面上有 Word 2007 的快捷图标，只需直接双击，即可启动 Word 2007。

● 单击“开始”按钮，从打开的“开始”菜单中选择“所有程序”→“Microsoft Office”→“Microsoft Office Word 2007”菜单项，即可启动 W rd 2007。

第一次启动 Word 2007 后，注意观察 Word 2007 的桌面，如图 3-1-1 所示。

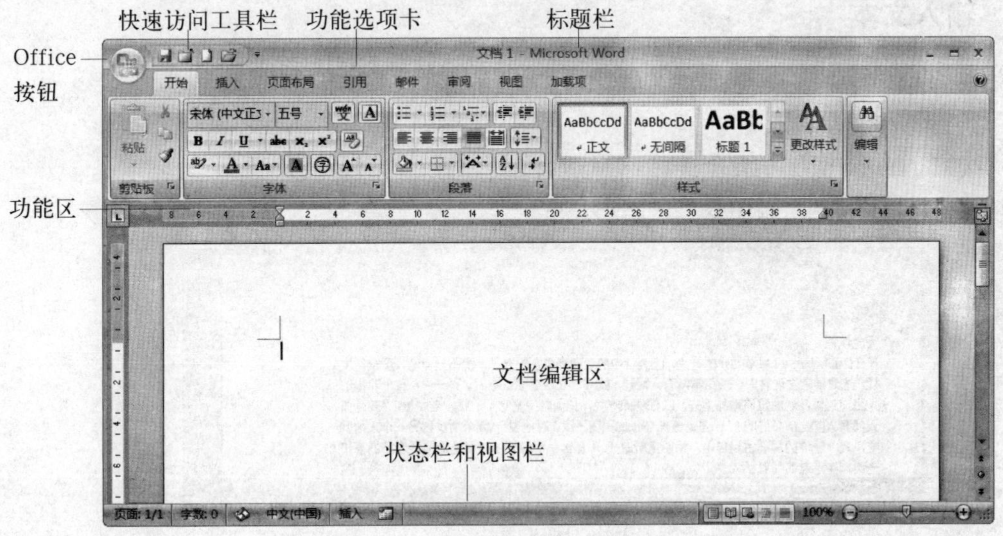

图 3-1-1

Word 2007 的工作界面主要由 Office 按钮，快速访问工具栏、标题栏、功能选项卡、功能区、文档编辑区、状态栏和视图栏等组成。

3.1.2　Word 2007 的退出

● 用鼠标单击 Word 文档右侧的“关闭”按钮 ×。

● 在 Word 窗口中单击 Office 按钮，从弹出的下拉菜单中单击“退出 Word”按钮。

● 在要关闭的 Word 窗口中，按“Alt+F4”组合键。

3.2 Word 文档的基本操作

文档的基本操作包括：新建文档、保存文档、打开文档、关闭文档等。

3.2.1 新建文档

在 Word 2007 中可以创建空白文档，空白文档是最常用的文档。也可以根据现有的模板创建新文档。

1.新建空白文档

● 单击 Office 按钮，从弹出的下拉菜单中选择“新建”命令。在打开的“新建文档”对话框中，选择“空白文档”选项，单击“创建”按钮即可创建空白文档。

● 在已打开的文档中，按“Ctrl+N”组合键，也可新建空白文档。

2.新建基于模板的文档

单击 Office 按钮，从弹出的下拉菜单中选择“新建”命令。在打开的“新建文档”对话框中，选择“已安装的模板”选项。在打开的“已安装的模板”栏中选择适合自己的模板，然后单击“创建”按钮即可创建基于模板的文档。

3.2.2 输入文本

1.文字录入

(1) 新建 Word 空白文档。

(2) 按“Ctrl+Shift”组合键，选择适合自己的汉字输入法。

(3) 输入下列文字。如图 3-2-1 所示。

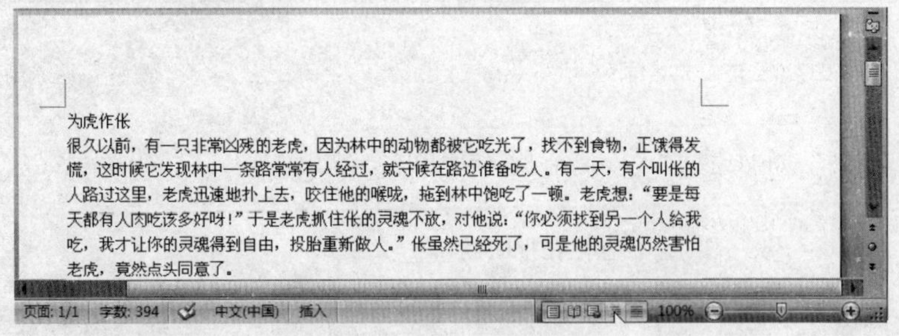

图 3-2-1

2.特殊符号录入

在文字录入中除了一些普通的文本外，还经常遇到一些特殊符号的输入，如“%”、“@”等特殊符号。有些符号能够通过键盘直接输入，但有些特殊符号却不能，如版权符号、商标符号、货币符号等，这时可以通过插入特殊符号的方法来输入这些特殊符号。

● 利用软键盘输入一些特殊符号

①将光标移到需要插入符号的文字前面，在输入法最右端的“打开/关闭软键盘”处单击鼠标右键，在弹出的软键盘选择列表中单击“特殊符号”，如图3-2-2所示。

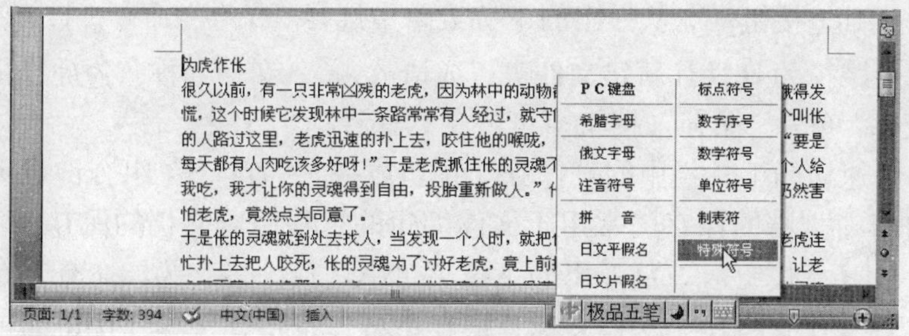

图3-2-2

②在打开的“特殊符号”软键盘中，单击★所在的按键，如图3-2-3所示。在文档中即可插入★符号。

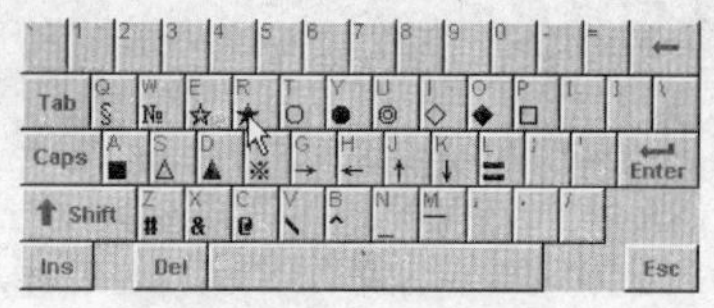

图3-2-3

● 利用Word输入一些特殊符号

①将光标移到需要插入符号的文字前面，选择“插入”选项卡，在“符号”组中单击“符号”按钮，在弹出的菜单中选择“其他符号”命令，如图3-2-4所示。

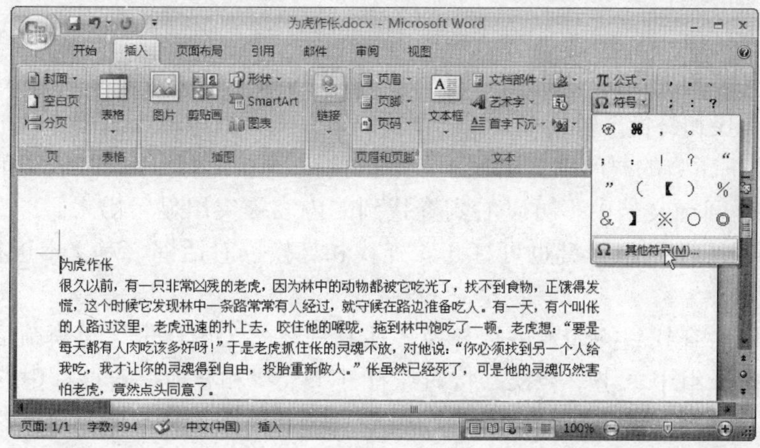

图3-2-4

②打开“符号”对话框，从中选择符号★，单击“插入”按钮，如图3-2-5所示，在文档中即可插入★符号。

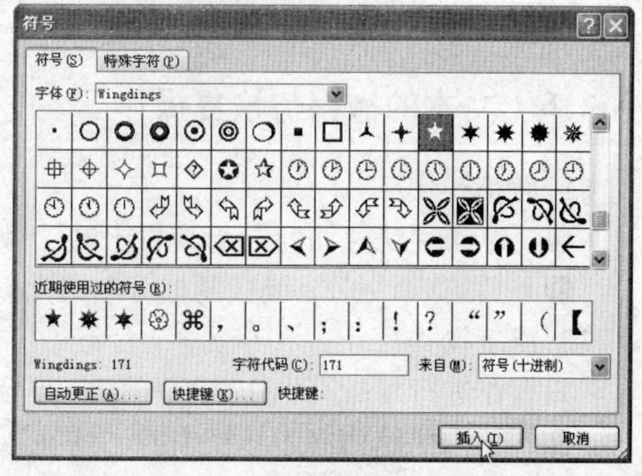

图3-2-5

3.2.3 保存文档

● 单击Office按钮，从弹出的下拉菜单中选择“保存”命令。打开“另存为”对话框，设置保存路径为D盘且新建文件夹“成语故事”、文档名称“为虎作伥”及保存类型（一般不变），单击“保存”按钮即可将文档保存。

● 单击快速访问工具栏中的“保存”按钮或按“Ctrl+S”组合键也可打开保存对话框，从而进行对文档的保存。常用于文件编辑的过程中对文档的保存。

● 单击Office按钮，从弹出的下拉菜单中选择“另存为”命令。在打开“另存为”对话框，设置保存路径、文档名称及保存类型，单击“保存”按钮即可。常用于为已经保存过的文档做备份。

3.2.4 打开文档

单击Office按钮，在弹出的下拉菜单中选择“打开”命令。打开“打开”对话框，从中选择文件的位置和需要打开的文件，如D盘中的“成语故事”文件夹下的文件“为虎作伥”，单击“打开”按钮即可将选中的文档打开。

3.2.5 文本的查找与替换

1.查找文本

● 在打开“为虎作伥”文档，选择“开始”选项卡，在“编辑”组中单击“查找”按钮，打开“查找和替换”对话框，在“查找内容”文本框中输入需要查找的文本如“老虎”，单击对话框下方的“阅读突出显示”下拉按钮，选中弹出下拉列表中的“全部突出显示”选项。返回至文档中，可以看到查找到的内容被突出显示出来。

● 按“Ctrl+F”组合键也可打开“查找和替换”对话框，对文本进行快速查找。

2.替换文本

用户还可以对查找到的内容进行替换。注意观察“为虎作伥”替换前后的变化。

单击“编辑”组中单击“替换”按钮。打开“查找和替换”对话框中的“替换”选项卡，在“查找内容”文本框中输入“老虎”，在“替换为”文本框中输入“laohu”，单击“全部替换”按钮。Word将对文档进行搜索并执行替换操作，操作完毕后即会给出提示信息，单击“确定”按钮，然后关闭“查找和替换”对话框。

3.2.6 文本的撤销与恢复操作

1.撤销操作

● 单击“快速访问”工具栏中的“撤销”按钮撤销上一步的操作。

● 按“Ctrl+Z”组合键也可撤销上一步操作。

2.恢复操作

只有在进行了撤销操作之后，在未进行其他操作之前，才可以恢复被撤销的操作。

● 单击快速访问工具栏中的“恢复”按钮。

● 按“Ctrl+Y”组合键。

3.2.7　保护文档

1.设置打开密码

（1）在当前文档中单击 Office 按钮，在弹出的菜单中选择“另存为”命令。

（2）打开“另存为”对话框，在“另存为”对话框中单击右下角的“工具”按钮，在弹出的下拉菜单中选择“常规选项”命令。

（3）在打开的“常规选项”对话框的“打开文件时的密码”文本框中输入密码，如给“为虎作伥”文档设置打开密码“123”。单击“确定”按钮。

（4）系统打开“确认密码”对话框，再次输入打开文档时的密码，单击“确定”按钮，返回到“另存为”对话框。单击“保存”按钮。

2.设置对文档进行编辑的密码

（1）在当前文档中，单击“审阅”选项卡，在“保护”组中单击“保护文档”按钮，在弹出的下拉菜单中单击“限制格式和编辑”，弹出“限制格式和编辑”任务窗格，如图 3-2-6 所示。

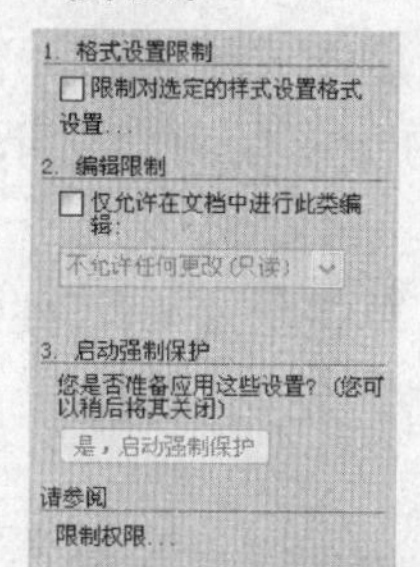

图 3-2-6

（2）选中“限制对选定的样式设置格式”复选框，单击“设置”按钮，打开“格式设置限制”对话框，选中“格式”选项组中的所有复选框，单击“确定”按钮，如图 3-2-7 所示。

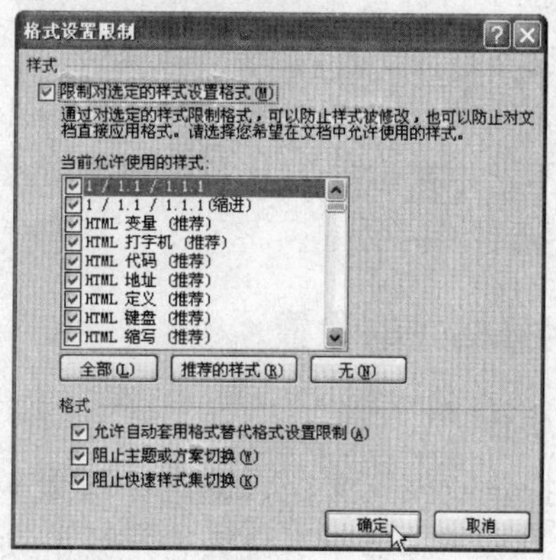

图 3-2-7

（3）在“限制格式和编辑”窗格中选择“仅允许在文档中进行此类编辑”复选框，然后在下拉列表框中选择要进行限制的内容，如图 3-2-8 所示。

（4）单击“是，启动强制保护”按钮，打开“启动强制保护”对话框，单击“密码”单选按钮，然后在“新密码”和“确认密码”文本框中输入相同的密码。单击“确定”按钮启动保护功能，如图 3-2-9 所示。

（5）按“Ctrl+S”组合键将文件保存。

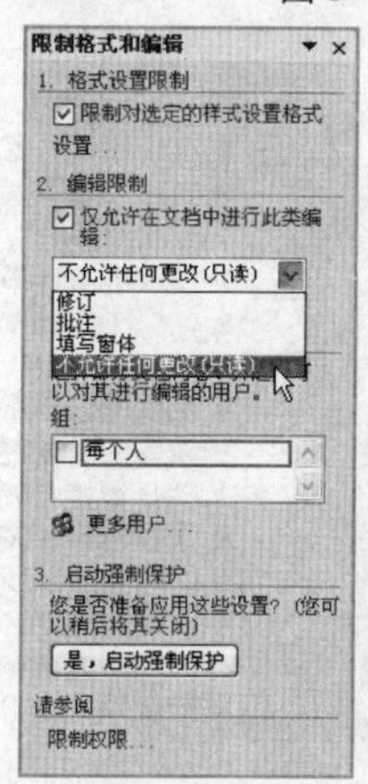

图 3-2-8

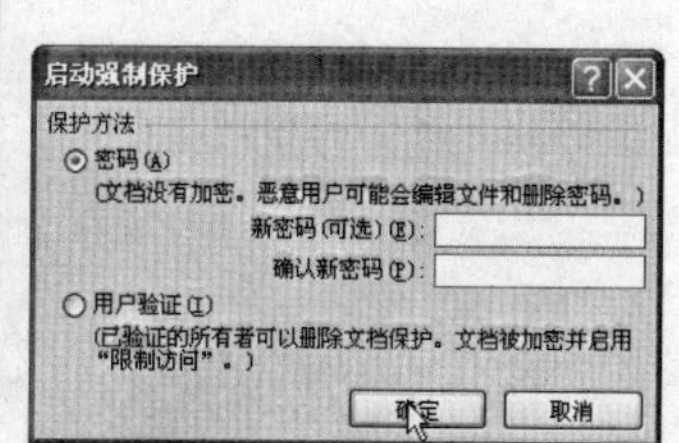

图 3-2-9

3.2.8 关闭文档

单击Office按钮，在弹出的下拉菜单中选择“关闭”菜单项即可完成关闭文档的操作。

3.3 Word 文档的排版

3.3.1 文本的选定、复制、移动、粘贴和删除的操作

1.文本的选定

将鼠标指针移动到要选定的文本开头，然后按住鼠标左键不放，拖动鼠标指针到欲选定文本末尾，此时选定的文本呈高亮显示状态。

2.文本的复制

选定需要复制的文本，单击“复制”按钮。复制的文本被放置在剪贴板中，在文档中确定目标位置后，单击“粘贴”按钮，完成复制操作。

3.文本的移动

选中需要移动的文本，按住鼠标左键后拖动该文本，此时被拖动的文本呈一个小矩形框状，拖动至目标位置后释放鼠标左键，该文本即被移动到了目标位置。

4.删除文本

- 选定需要删除的文本，按一下Delete键，此时选定的文本将被删除。
- 在不选中文本的情况下，若按Backspace键则删除光标左侧的文本，若按Delete键则删除光标右侧的文本。

3.3.2 字符格式的设置

1.设置字体

打开“抱薪救火”文档，选定标题文本，单击“字体”组中“字体”文本框右侧的下拉按钮，打开“字体”下拉列表。单击以选中所需的字体，如图3-3-1所示。即可完成字符的字体设置操作。

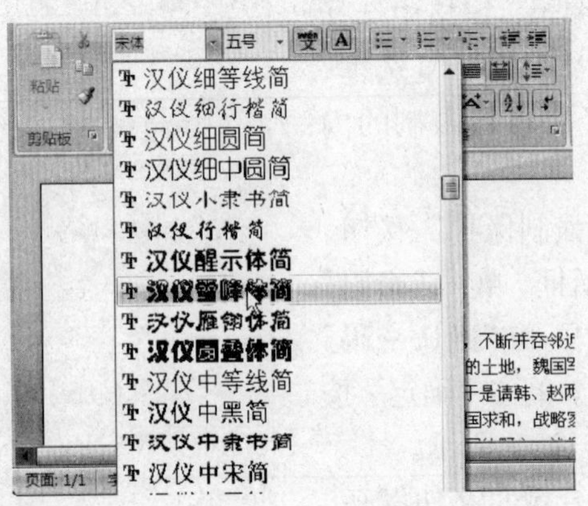

图3-3-1

2.设置字号

打开“抱薪救火”文档，选定标题文本，单击“字号”文本框右侧的下拉按钮打开下拉列表。将鼠标指针指向某种字号时，选定文本自动显示出该种字号的效果，如图 3–3–2 所示。还可以使用鼠标拖动右侧的滚动条，查看更多的字号种类。

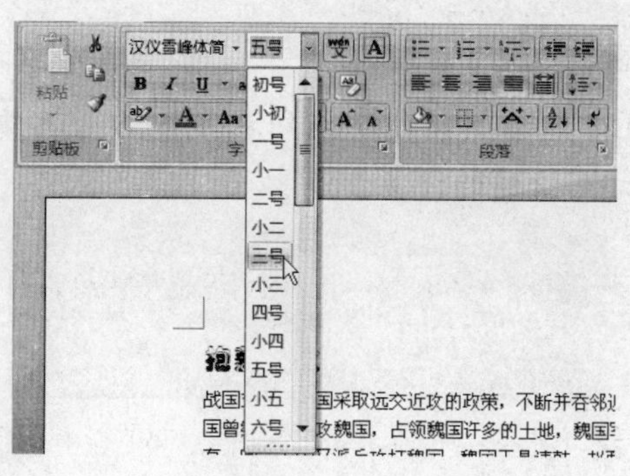

图 3–3–2

3.设置字形

● 设置“加粗”

选定文本，单击“字体”组中的“加粗”按钮，可使选定的文本加粗。

● 设置“倾斜”

选定文本，单击“字体”组中的“倾斜”按钮，可使选定的文本倾斜。

4.设置“下划线”

(1) 选定文本，单击“字体”组中的“下划线”按钮右侧的下拉按钮打开下拉列表。将鼠标指针移到某种下划线的上面，在文档中便可看到相应的效果，如图 3–3–3 所示。

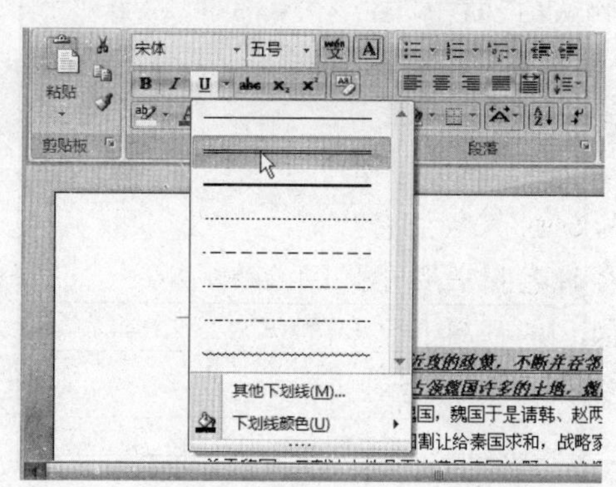

图 3–3–3

(2) 单击下拉列表中的“其他下划线”选项，打开“字体”对话框，在“字体”选项卡中单击“下划线线型”文本框右侧的下拉按钮，拖动下拉列表框右侧的滚动条查看，单击可进行设置。

(3) 单击“下划线颜色”文本框右侧的下拉按钮，弹出颜色下拉列表，单击任意颜色后可在预览窗口中看到效果。

5.设置文字颜色

选定文本，移动鼠标指针指向“字体”组中的“字体颜色”按钮，单击“字体颜色”按钮右侧的下拉按钮，单击“蓝色”，即可将选定的文本设置为蓝色，如图 3–3–4 所示。

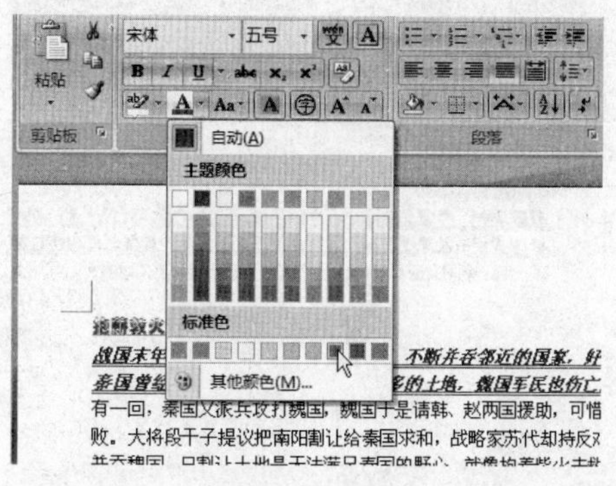

图 3–3–4

注意

还可以单击颜色下拉列表下方的“其他颜色”选项，在弹出的对话框中，对字符颜色进行更精确的设置。

6.设置字符间距

（1）选定需要设置间距的文本，单击“字体”组中的“对话框启动器”按钮。如图3-3-5所示。

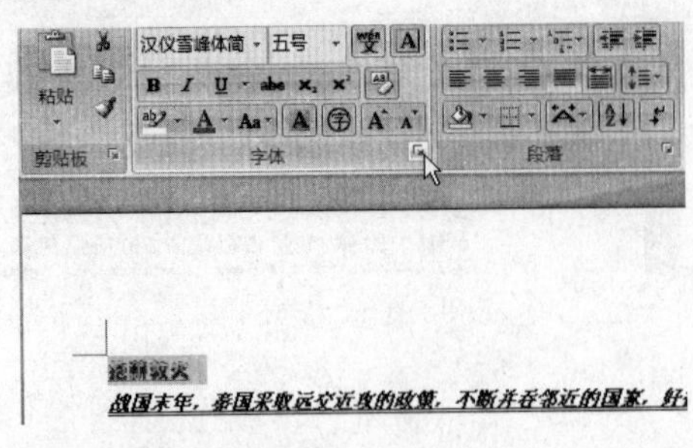

图3-3-5

（2）打开“字体”对话框，单击“字符间距”标签，切换至“字符间距”选项卡下，再单击“间距”文本框右侧的下拉按钮，在下拉列表中单击“加宽”选项，此时在“磅值”数值框中自动出现“1磅”字样。如果需要继续加宽间距，可在数值框中单击向上微调按钮，在“预览”选项组中预览设置效果，如图3-3-6所示。

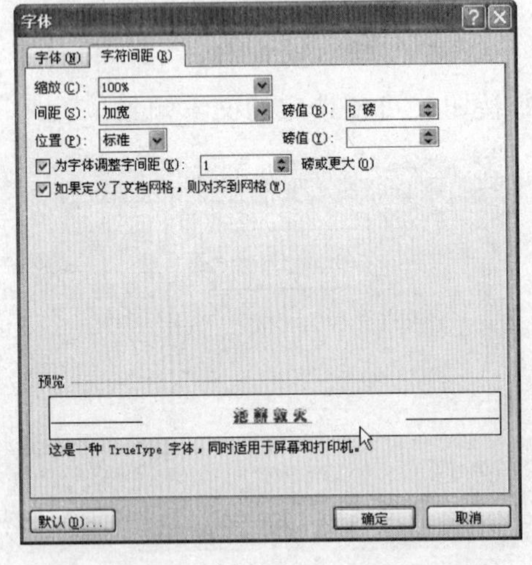

图3-3-6

（3）设置完成后，单击“确定”按钮，返回至文档编辑区中查看效果。

3.3.3 段落格式的设置

1.段落对齐方式

（1）打开“抱薪救火”文档，选定需要设置对齐方式的段落，单击“段落”组中的“对话框启动器”按钮，如图3-3-7所示。

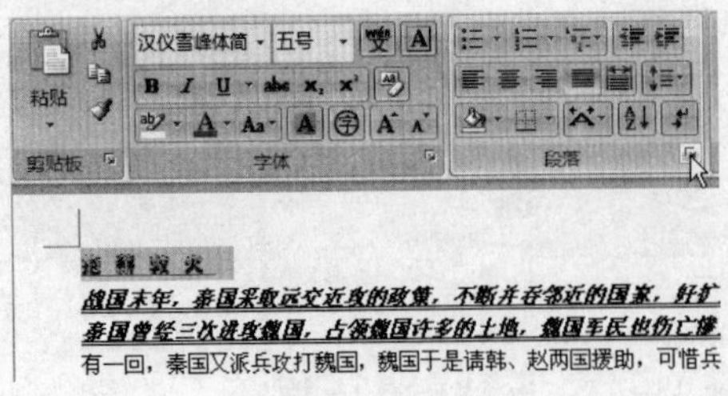

图3-3-7

（2）打开“段落”对话框，在“缩进和间距”选项卡中单击“常规”选项组中的“对齐方式”下拉按钮，在打开的下拉列表中选择“居中”选项，如图3-3-8所示。

（3）单击“确定”按钮。返回至文档编辑区中，注意观察设置后的段落对齐方式。

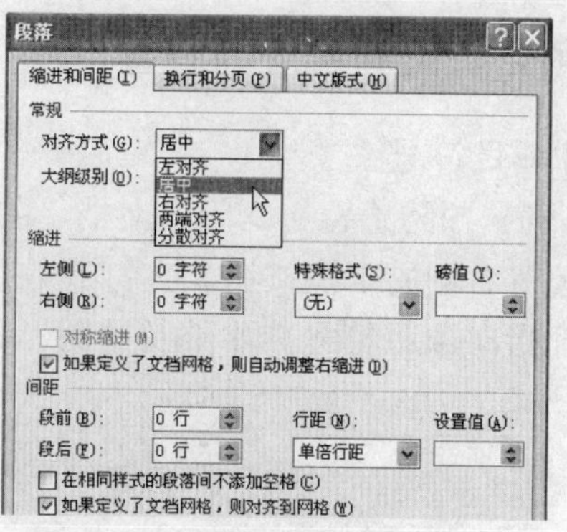

图3-3-8

2.段落缩进

（1）打开“抱薪救火”文档，将插入点置于第一行行首位置处，单击“段落”组中的“对话框启动器”按钮。打开“段落”对话框，选择“缩进和间距”选项卡，在“特殊格式”下拉列表框中选择“首行缩进”选项，如图3-3-9所示。

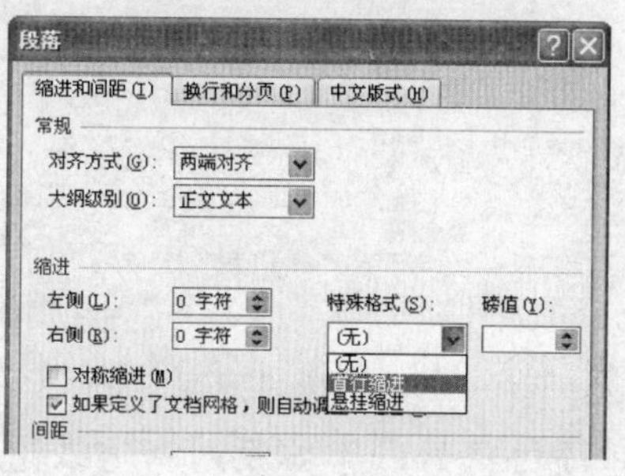

图3-3-9

（2）单击“确定”按钮，第一段落缩进设置完成。

（3）使用相同的方法设置其他段落。注意观察各段落设置前后的变化。

3.段落间距和行距

（1）打开“抱薪救火”文档，选定需要设置段落间距的段落，单击“段落”组中的“对话框启动器”按钮，打开“段落”对话框，默认显示“缩进和间距”选项卡。

（2）在“间距”选项组中，通过单击“段前”、“段后”数值框的微调按钮，设置其间距分别为“2行”和“1.5行”，单击“行距”选项下拉按钮，在下拉列表中单击“1.5倍行距”选项。在“预览”选项组中查看效果，单击“确定”按钮，如图3-3-10所示。

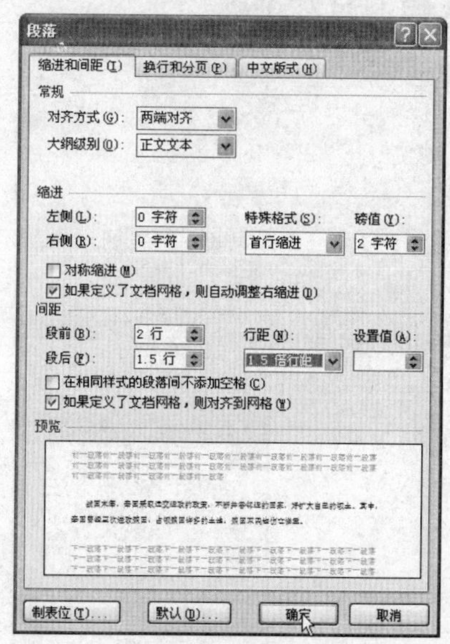

图3-3-10

（3）返回至文档编辑区中，注意观察刚才设置的段落间距和行距的效果。

3.3.4　项目符号和编号的设置

1.添加项目符号

(1) 打开“预防感冒小窍门”文档，在文档中设置好插入点，单击“段落”组中“项目符号”按钮右侧的下拉按钮。在打开的下拉列表最上方显示最近使用的项目符号，移动鼠标指针指向项目符号库中的符号时，可实时预览效果，如图 3–3–11 所示。

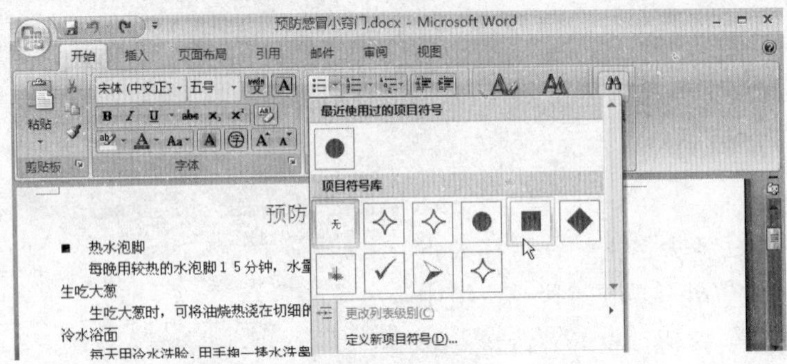

图 3–3–11

(2) 单击下拉列表中的“定义新项目符号”选项，打开“定义新项目符号”对话框，在其中可对项目符号的字体及对齐方式进行设置或者选择其他符号或图片作为项目符号。可以选择不同的项目符号进行设置以查看设置后的效果。

2.添加编号

添加编号与添加项目符号的操作方式相似，只不过是在文档中设置好插入点后，单击“段落”组中“编号”按钮右侧的下拉按钮。要注意观察添加编号与添加项目符号的不同。

3.3.5　文档的特殊排版

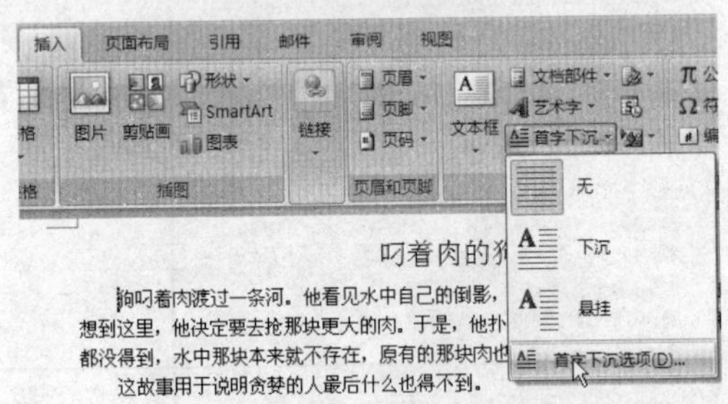

图 3–3–12

1.首字下沉

(1) 打开“叼着肉的狗”文档，将插入点设置在即将操作的段落中，切换至“插入”选项卡中，单击“文本”组中的“首字下沉”按钮，在打开的下拉列表中单击“首字下沉选项”选项。如图 3–3–12 所示。

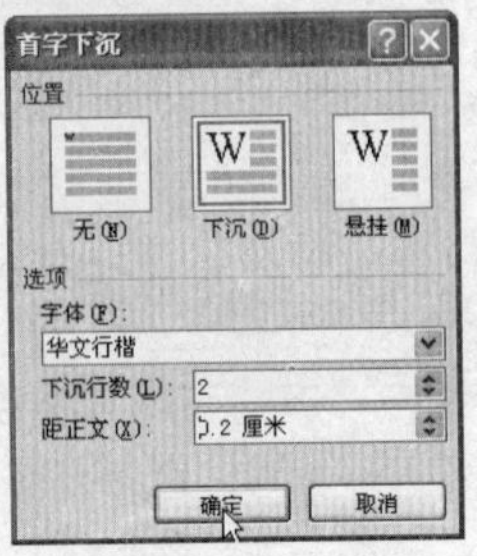

图 3–3–13

(2) 打开“首字下沉”对话框，在“位置”选项组中单击“下沉”选项，并单击“字体”右侧的下拉按钮，在下拉列表中选择想要的字体；通过单击“下沉行数”右侧的微调按钮来增加或减少下沉的行数；设置距正文的宽度，设置完毕后单击“确定”按钮，如图 3–3–13 所示。

(3) 返回至文档编辑区，注意观察设置“首字下沉”后得到的效果。

2.竖排文档

(1) 打开“七步诗”文档，选择所有文本，单击“页面布局”选项卡，在“页面设置”组中单击“文字方向”按钮，在弹出的下拉列表中选择“文字方向选项”选项，如图3-3-14所示。

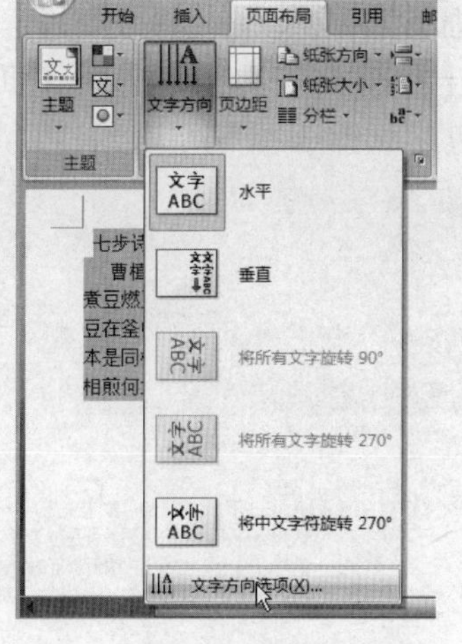

图3-3-14

(2) 在打开的“文字方向”对话框的“方向”组中选择竖排文字的选项，在“应用于”下拉列表框中选择应用范围，单击“确定”按钮，如图3-3-15所示。

(3) 返回至文档编辑区中，可以看到竖排文档的效果。

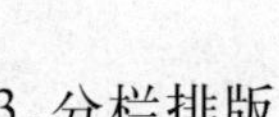

图3-3-15

3.分栏排版

(1) 打开“脏嘴巴的小白兔”文档，选定要分栏排版的文档。选择“页面布局”选项卡，在“页面设置”组中单击“更多分栏”按钮，如图3-3-16所示。

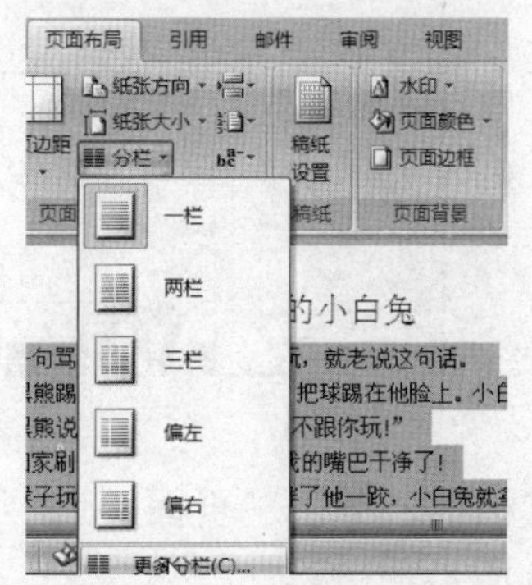

图3-3-16

(2) 在打开的“分栏”对话框的“预设”组中选择“两栏”选项；在“宽度和间距”选项组中，去掉“栏宽相等”复选框，在第一栏的“宽度”设定栏宽为18.52个字符；在第二栏的“宽度”设定栏宽为17个字符；在“应用于”下拉列表框中选择应用范围，单击“确定”按钮，如图3-3-17所示。

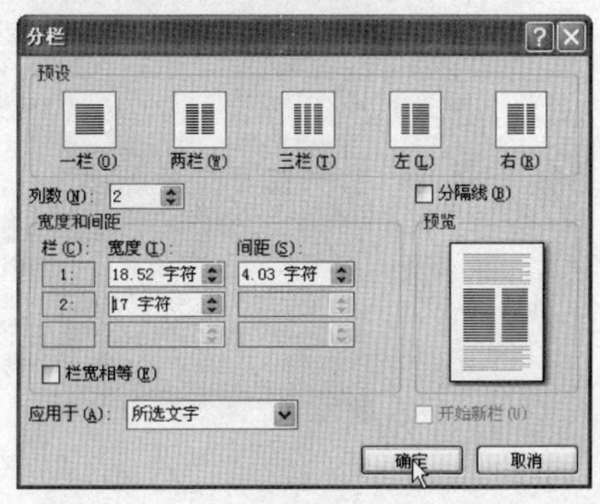

图3-3-17

（3）返回至文档编辑区中，观察分栏效果。

4.为页面添加边框或底纹

（1）打开“士别三日”文档，选择“页面布局”选项卡，在“页面背景”组中单击“页面边框”按钮，如图 3−3−18 所示。

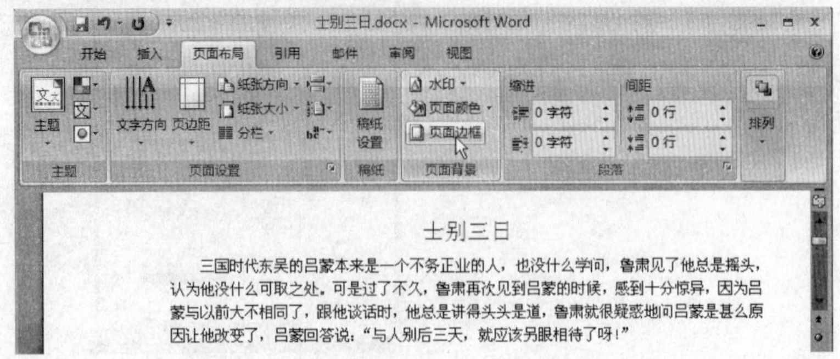

图 3−3−18

（2）打开的“边框和底纹”对话框，在“页面边框”选项卡的“设置”组中选择“方框”选项。在“艺术型”下拉列表框中选择边框样式，如图 3−3−19 所示。然后，单击“确定”按钮。

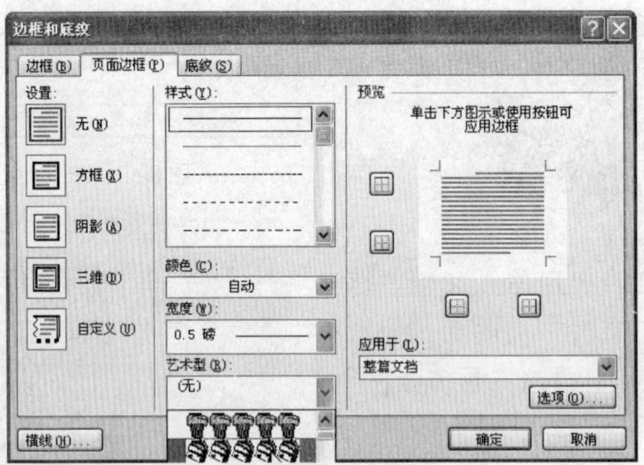

图 3−3−19

（3）返回至文档中，单击“页面颜色”按钮，在弹出的下拉列表中选择“蓝色”选项，如图 3−3−20 所示。

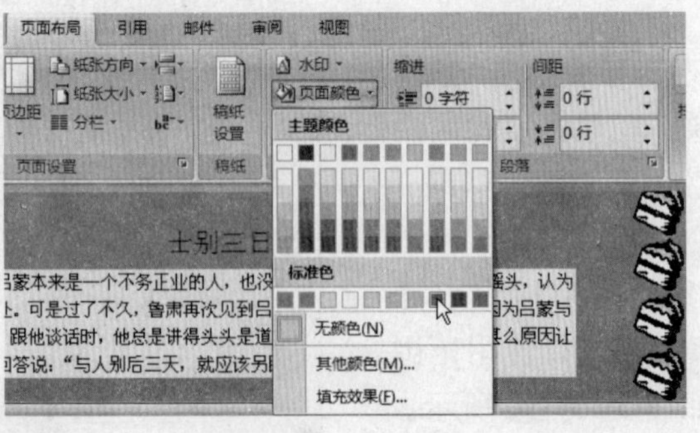

图 3−3−20

（4）返回至文档编辑区中，可以看到为文档设置页面边框和底纹后的效果。

注意

通过在“开始”选项卡中的“段落”组中的“边框”打开“边框和底纹”对话框，试着为文本和段落设置边框和底纹，观察各种效果。

3.4 文档与图片的混排

3.4.1 插入剪贴画和图片

1.插入剪贴画

(1) 打开“电脑主要硬件”文档，将文本插入点定位到需要插入剪贴画处，然后选择“插入”选项卡，在“插图”组中单击“剪贴画”按钮，如图3-4-1所示。

电脑主要硬件平台

从外观上讲，电脑一般由主机、显示器、键盘、鼠标以

图3-4-1

(2) 在文档窗口右侧打开“剪贴画”窗格，在“搜索文字”文本框中输入“电脑”，在“结果类型”下拉列表框中清除除“剪贴画”之外的所有复选框；单击“搜索”按钮，在窗格下方将显示出符合搜索主题的剪贴画，拖动显示区域的滚动条进行查看，单击所需的剪贴画，如图3-4-2所示。

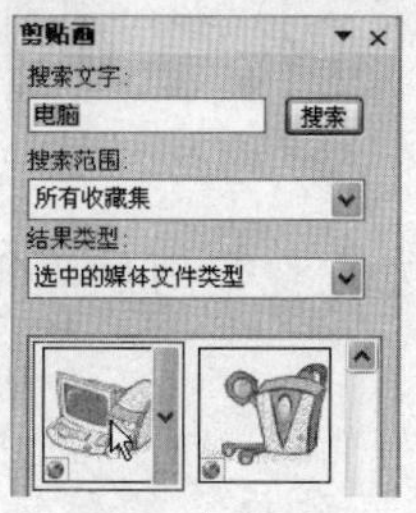

图3-4-2

(3) 返回至文档编辑区，所选的剪贴画便被插入文档中，注意观察插入后的效果。

2.插入图片

用相似的方法，在“插图”组中单击“图片”按钮，便可将所选的图片插入至文档中的光标定位处。注意比较插入“剪贴画”和插入“图片”两者的差别。

3.编辑剪贴画和图片

(1) 打开“电脑主要硬件”文档，选中插入的剪贴画后，选择“图片工具‘格式’”选项卡，单击“大小”组中的“对话框启动器”按钮，如图3-4-3所示。

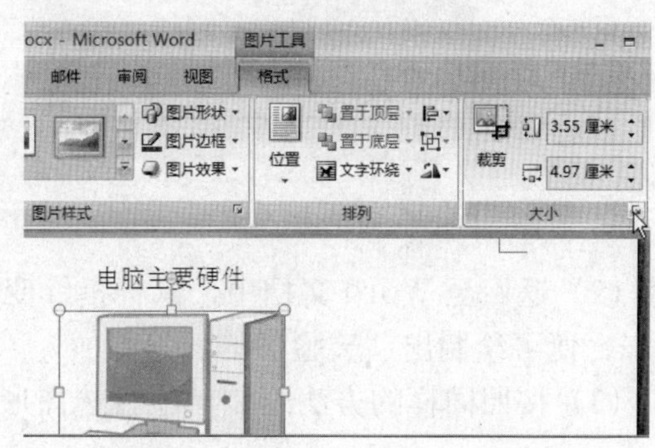

图3-4-3

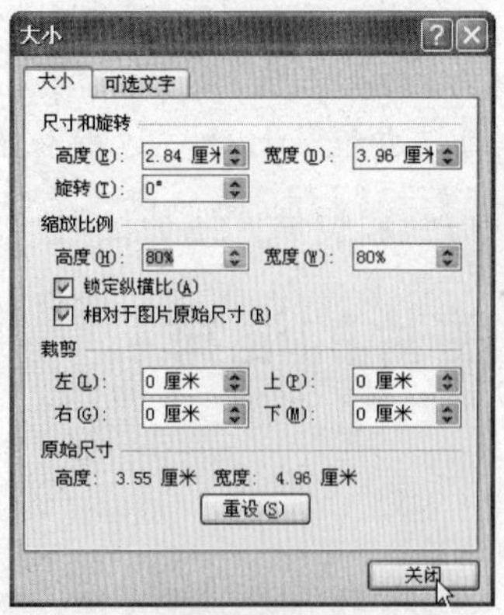

图 3–4–4

（2）打开“大小”对话框，勾选“锁定纵横比”和“相对于图片原始尺寸”复选框；将“缩放比例”选项区域中的“高度”数值框和“宽度”数值框中的值都改为“80%”，单击“关闭”按钮，如图 3–4–4 所示。

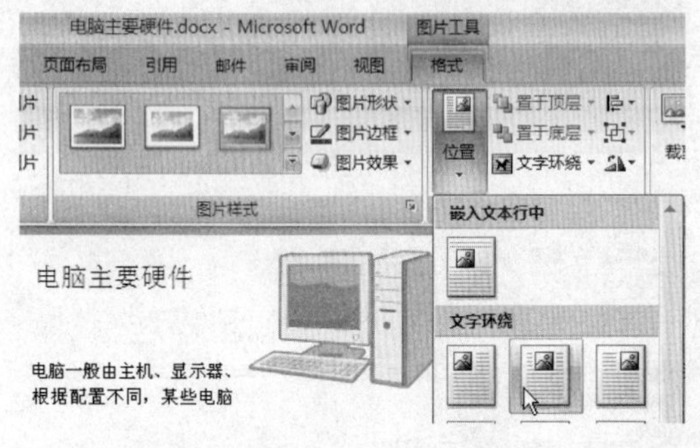

图 3–4–5

（3）返回到文档编辑区。单击“排列”组中的“位置”按钮，在弹出的下拉列表的“文字环绕”栏中单击选择第二个选项，如图 3–4–5 所示。

（4）返回到文档中，注意观察剪贴画编辑后的效果。

注意

“图片”的编辑参考“剪贴画”的编辑，注意观察执行各种命令后的效果。

3.4.2 插入自选图形

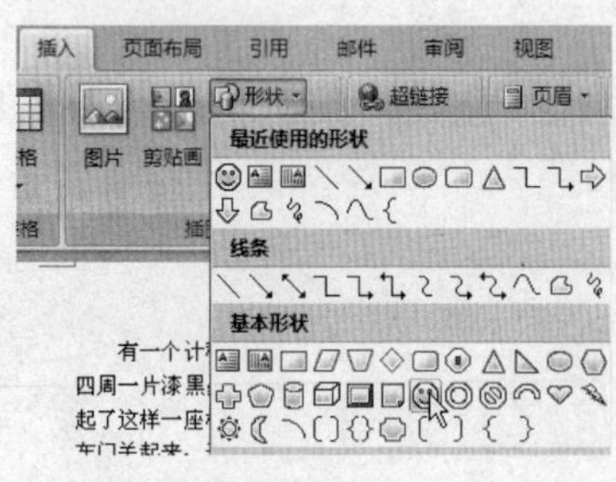

图 3–4–6

1.插入自选图形

（1）打开“洋娃娃”文档，选择“插入”选项卡，在“插图”组中单击“形状”按钮，在弹出的下拉列表中选择“笑脸”自选图片，如图 3–4–6 所示。

（2）返回至 Word 文档中，鼠标指针变为“十”字形状，按住鼠标左键并往下拖动鼠标，便可绘制出“笑脸”的图形。

（3）按照同样的方法绘制其他自选图形，注意观察绘制后的效果。

2.编辑自选图形

(1) 选择“笑脸”图形，在“绘图工具‘格式’”选项卡的“形状样式”组中，单击“形状填充”按钮，在弹出的菜单中选择“红色”，如图 3-4-7 所示。

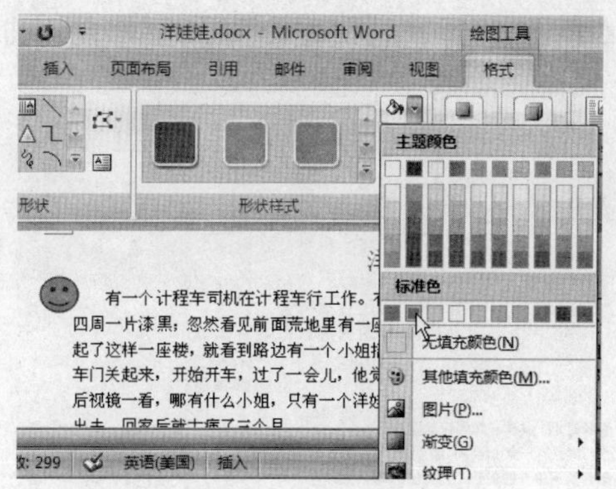

图 3-4-7

(2) 选中“笑脸”图形，在“阴影效果”组中单击“阴影效果”按钮，在弹出的菜单中选择如图 3-4-8 所示的选项。

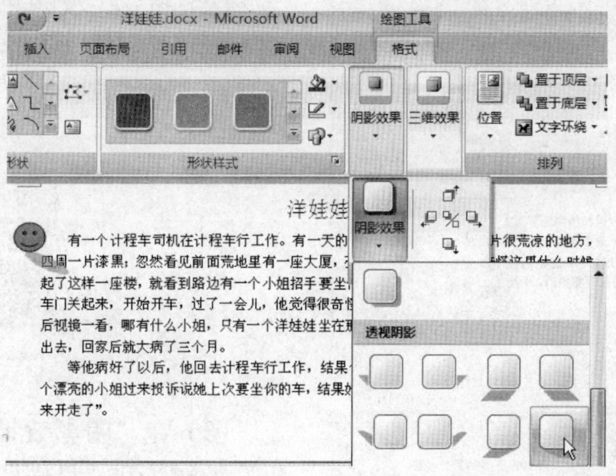

图 3-4-8

(3) 编辑自选图形后，返回到 Word 文档，注意观察结果。

3.4.3　插入文本框

1.插入文本框

(1) 打开“同舟共济”文档，选择“插入”选项卡，单击“文本”组中的“文本框”按钮，在弹出的菜单中选择“绘制文本框”命令，如图 3-4-9 所示。

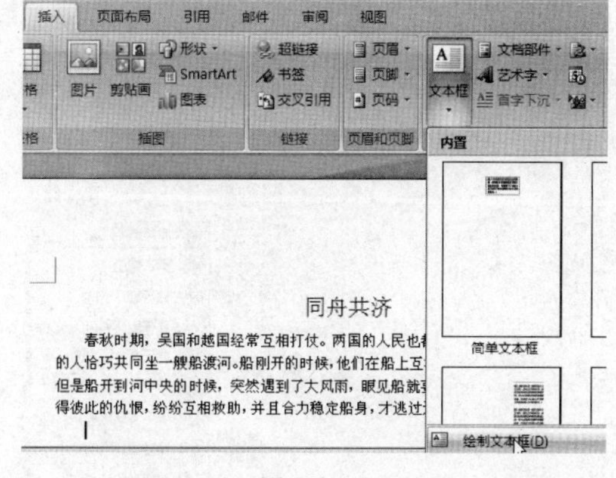

图 3-4-9

(2) 返回到 Word 文档中，鼠标指针变成十字形状，按住鼠标左键，拖动十字指针至文本框想要到达的位置，释放鼠标左键即可插入一个新的空文本框。

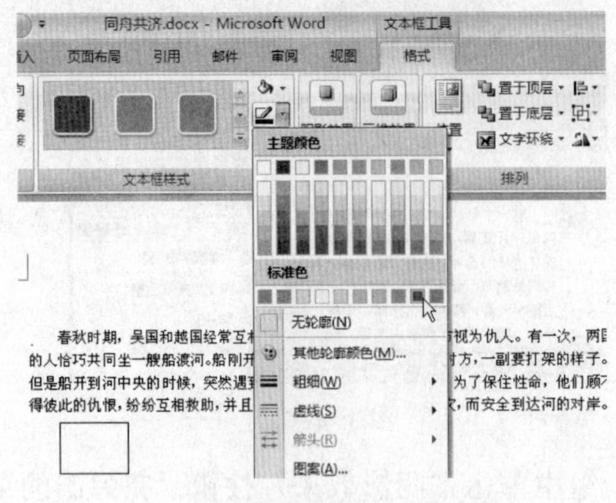
图 3-4-10

2.编辑文本框

(1) 打开“同舟共济”文档，选择文本框，在“文本框工具‘格式’”选项卡的“文本框样式”组中，单击“形状轮廓”按钮，在弹出的“主题颜色”菜单中选择“深蓝”，如图 3-4-10 所示。

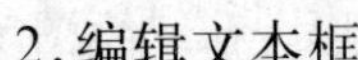

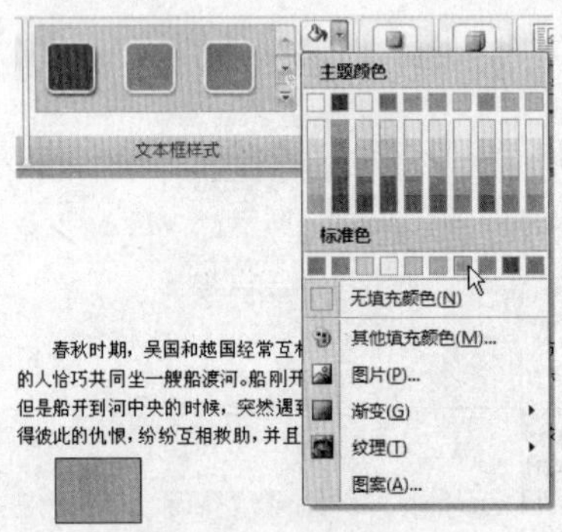
图 3-4-11

(2) 单击“文本框样式”组中的“形状填充”按钮，在弹出的“主题颜色”菜单中选择“浅蓝”，如图 3-4-11 所示。

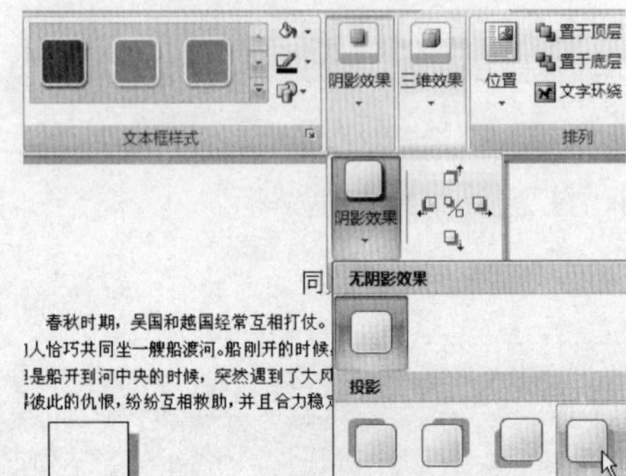
图 3-4-12

(3) 在“阴影效果”组中单击“阴影效果”按钮，在“投影”组中选择“阴影样式 4”，如图 3-4-12 所示。

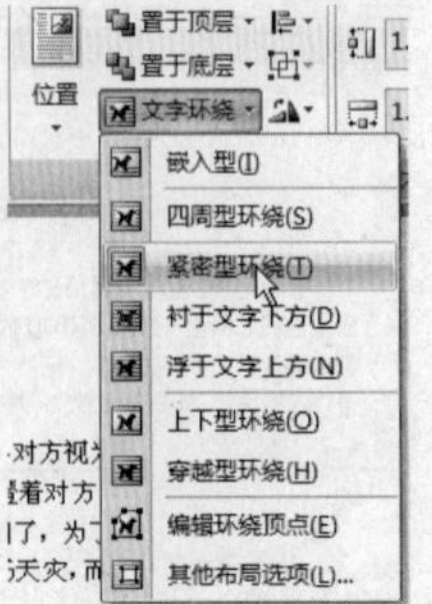
图 3-4-13

(4) 在“排列”组中单击“文字环绕”按钮，在弹出的下拉列表中选择“紧密型环绕”选项，如图 3-4-13 所示。

(5) 将光标定位到文本框中，即可像在文档中那样输入文本或插入图片，以及对文字和图片进行格式化设置。

3.4.4　插入艺术字

1.插入艺术字

(1) 打开“贺卡”文档，选择“插入”选项卡，在“文字”组中单击“艺术字”按钮，打开艺术字列表框，选择“艺术字样式3”选项，如图3-4-14所示。

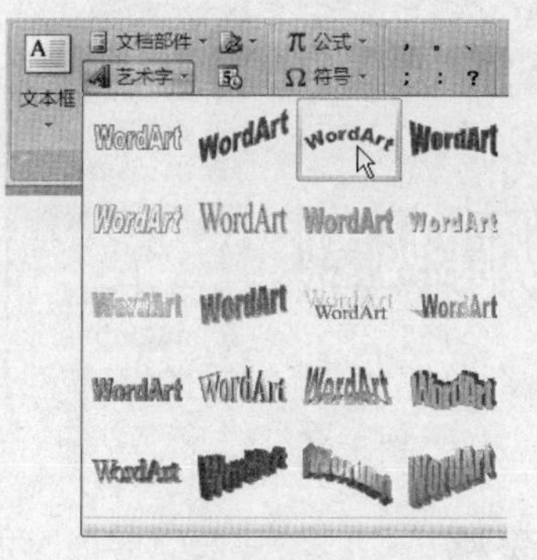

图3-4-14

(2) 打开“编辑艺术字文字”对话框，在“字体”下拉列表框中选择“华文彩云”，在“字号”下拉列表框中选择“44”，在“文本”文本框中输入“祝你虎年快乐、”，如图3-4-15所示。然后，单击“确定”按钮。

图3-4-15

(3) 返回至文档编辑区，观察插入的效果。

2.编辑艺术字

(1) 打开“贺卡”文档，选择“艺术字工具‘格式’”选项卡，单击“文字”组中的“编辑文字”按钮，打开“编辑艺术字文字”对话框，在“文本”文本框中添加“万事如意!”，如图3-4-16所示。然后，单击“确定”按钮。

图3-4-16

(2) 在“艺术字样式”组中单击“更改形状”按钮，在弹出的菜单中选择“腰鼓”选项，设置艺术字的形状，如图3-4-17所示。

图3-4-17

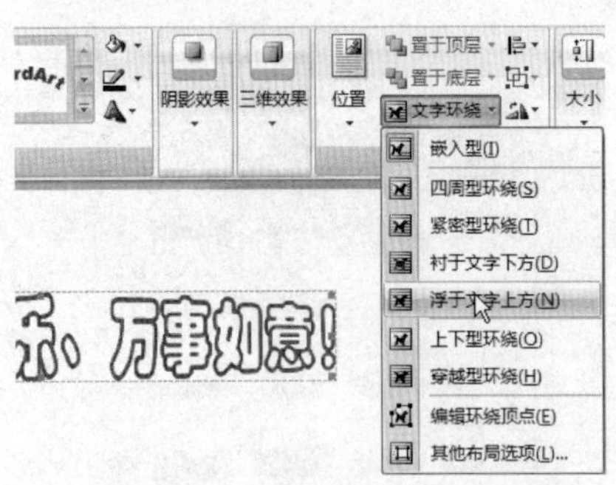

图 3-4-18

(3) 单击“排列”组中的“文字环绕”按钮，在打开的下拉列表中单击“浮于文字上方”选项，如图 3-4-18 所示。

(4) 返回到文档编辑区中，按住鼠标左键向下拖动，将艺术字移到合适的位置。注意观察效果。

3.4.5　插入表格

1. 插入表格

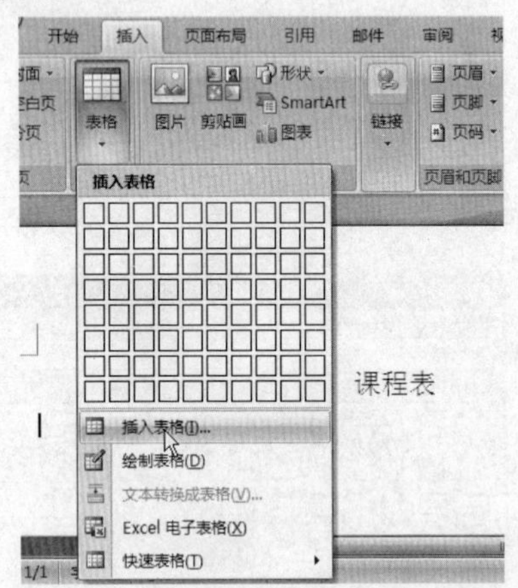

图 3-4-19

(1) 打开“课程表”文档，将光标定位到需要插入表格的位置，选择“插入”选项卡，单击“表格”组中的“表格”按钮，在弹出的菜单中选择“插入表格”命令，如图 3-4-19 所示。

图 3-4-20

(2) 在打开的“插入表格”对话框的“列数”和“行数”数值框中分别输入“6”和“7”，单击“确定”按钮，如图 3-4-20 所示。

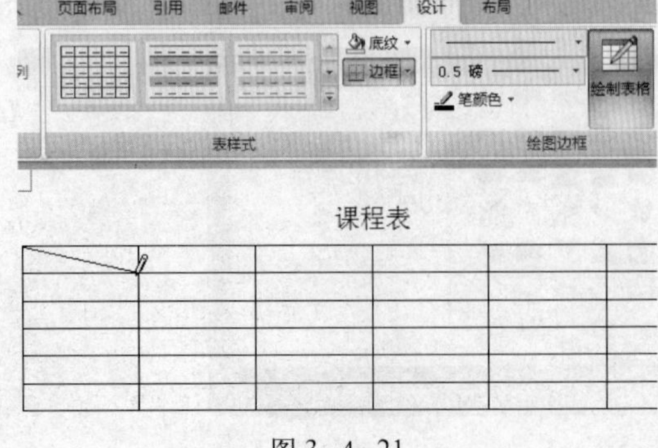

图 3-4-21

(3) 返回到文档中，在“插入”选项卡中单击“表格”组中的“表格”按钮，在弹出的菜单中选择“绘制表格”选项。然后，在表格的第 1 行第 1 列单元格中单击鼠标左键，直接拖动笔形光标，绘制一条对角线，如图 3-4-21 所示。

2. 编辑表格

(1) 打开“课程表”文档，将鼠标指针定位到第一个单元格中，按空格键将光标移到单元格的后半部分，输入“星期”文本，按 Enter 键将光标移到下一行行首，输入“时间”文本，如图 3−4−22 所示。然后，在其他单元格中输入文本内容。

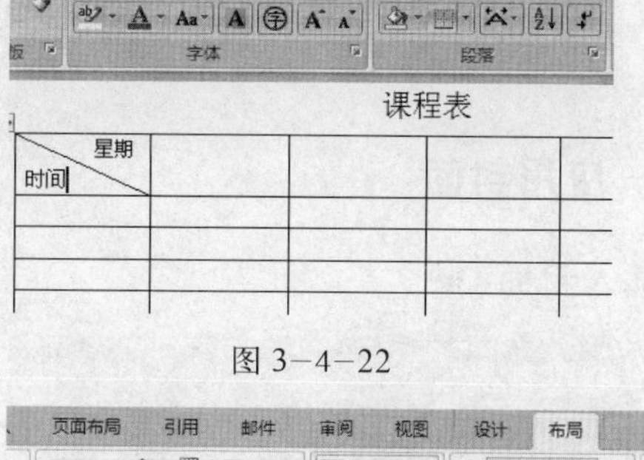

图 3−4−22

(2) 选择如图 3−4−23 所示的单元格，选择“布局”选项卡，单击“合并”组中的“合并单元格”按钮，可实现单元格的合并。

(3) 使用相同的方法，合并单元格的第一列中的六、七两行。

课程表

星期 时间	星期一	星期二	星期三	星期四	星期五
上午	语文	数学	数学	英语	语文
	数学	英语	物理	语文	数学
	英语	体育	英语	数学	物理
	音乐	物理	语文	音乐	体育
下午	体育	化学	生物	化学	生物
	自然	生物	劳动	体育	活动

图 3−4−23

3. 美化表格

(1) 打开“课程表”文档，选中整个表格，单击“布局”选项卡的“对齐方式”组中的“水平居中”按钮，如图 3−4−24 所示。

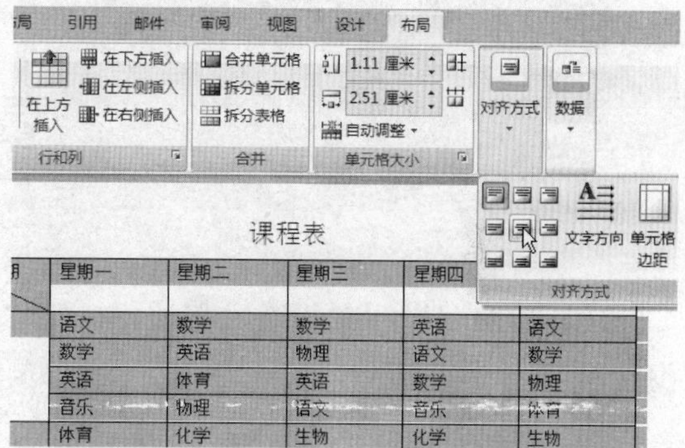

图 3−4−24

(2) 选择“表格工具‘设计’”选项卡，单击“表样式”组中的“底纹”按钮，在弹出的下拉菜单中选择“绿色”，如图 3−4−25 所示。

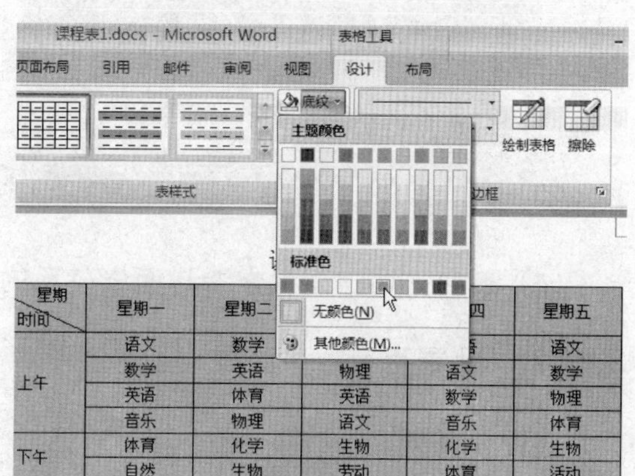

图 3−4−25

(3) 返回文档，观察美化后的表格效果。

3.5 文档的高级排版

3.5.1 应用封面

1. 插入封面

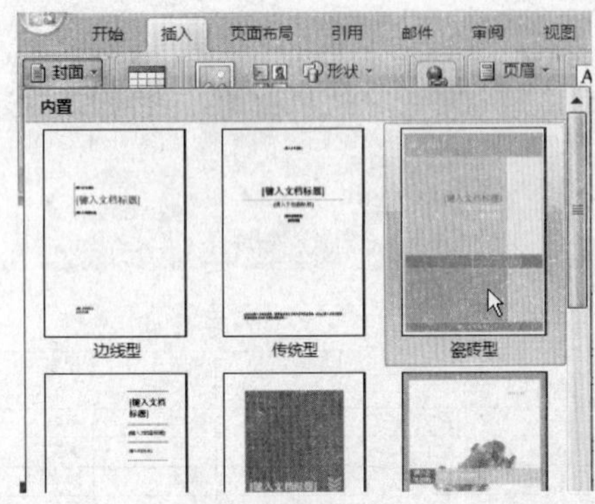

图 3-5-1

(1) 打开“生活小常识”文档，选择“插入”选项卡，在“页”组中单击“封面”按钮，在弹出的菜单中选择“瓷砖型”封面，如图 3-5-1 所示。

(2) 返回至文档编辑区中，注意查看插入封面后的文档效果。

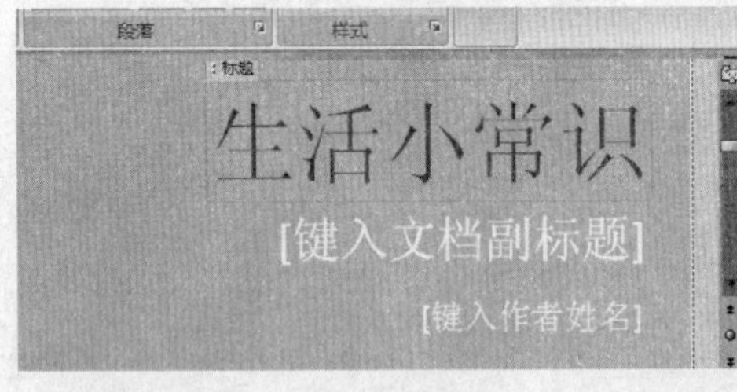

图 3-5-2

2. 修改封面

(1) 单击“[键入文档标题]”示例文字，将鼠标指针定位于其中，输入标题“生活小常识”，如图 3-5-2 所示。

(2) 按照同样的方法输入文档副标题“家电”、作者姓名“文思”及公司地址“北京海淀区”。

图 3-5-3

(3) 单击示例文字“[年]”，单击“[年]”右边的下拉按钮，在打开的日期栏中默认当前日期，单击“今日”按钮将年号“2010”插入，如图 3-5-3 所示。

(4) 返回文档，注意查看封面修改后的整体效果。

3.5.2 设置页面

1. 设置页眉页脚

(1) 打开“购买电脑时应注意”文档，选择“插入”选项卡，单击“页眉和页脚”组中的“页眉”按钮，在弹出的菜单中选择“编辑页眉”命令，如图 3-5-4 所示。

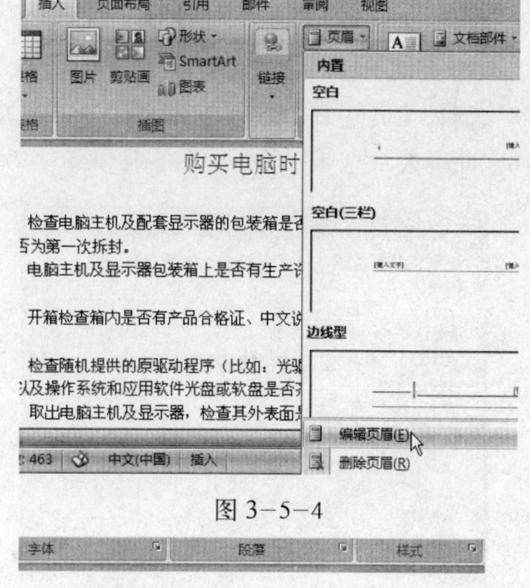

图 3-5-4

(2) 进入页眉和页脚编辑状态，在合适的位置插入剪贴画，将光标定位在剪贴画的右侧，输入页眉名称“北京子午信诚科技发展有限责任公司”，如图 3-5-5 所示。

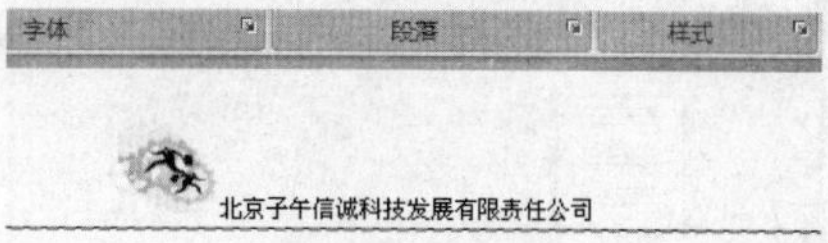

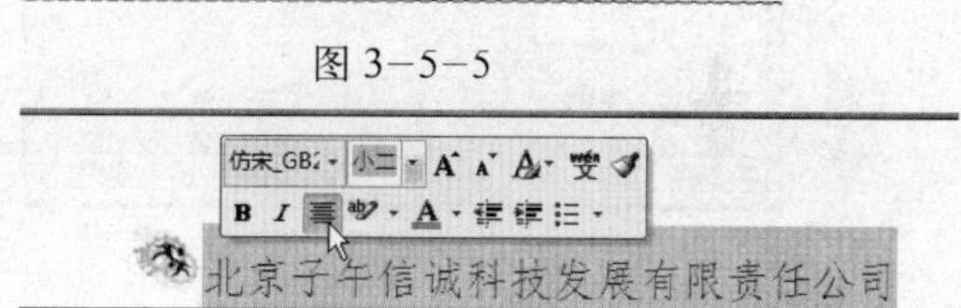

图 3-5-5

(3) 选中页眉中的文字，在浮动工具栏中设置“字体”为“仿宋 _GB2312”，“字号”为“小二”，居中对齐，如图 3-5-6 所示。

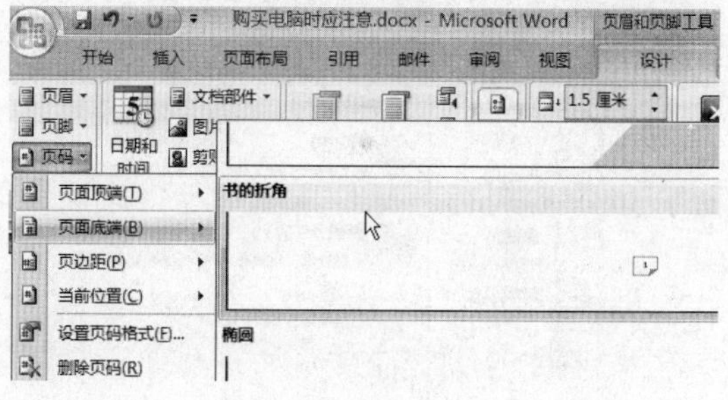

图 3-5-6

(4) 选择“页眉和页脚工具‘设计’”选项卡，单击“页眉和页脚”组中的“页码”按钮，在弹出的菜单中选择“页面底端”命令，在弹出的下拉菜单中选择“书的折角”样式，如图 3-5-7 所示。

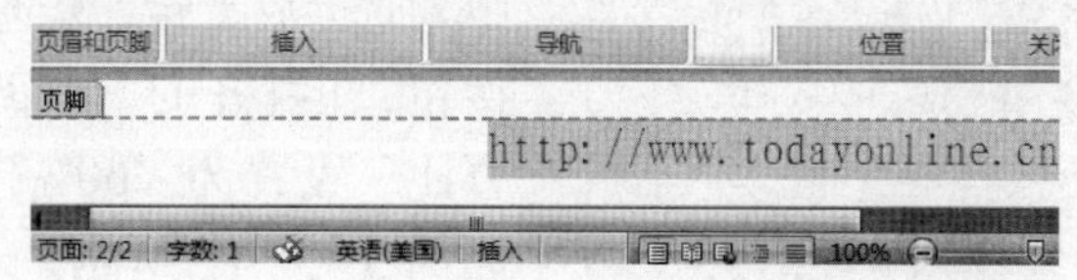

图 3-5-7

(5) 在页脚编辑区中输入网址，并在浮动工具栏中设置“字体”为“楷体 _GB2312”，“字号”为“小二”，居中对齐，注意观察效果，如图 3-5-8 所示。

图 3-5-8

2. 设置页面格式

(1) 打开“购买电脑时应注意”文档，选择“页面布局”选项卡，在“页面设置”组中单击“对话框启动器”按钮，如图 3-5-9 所示。

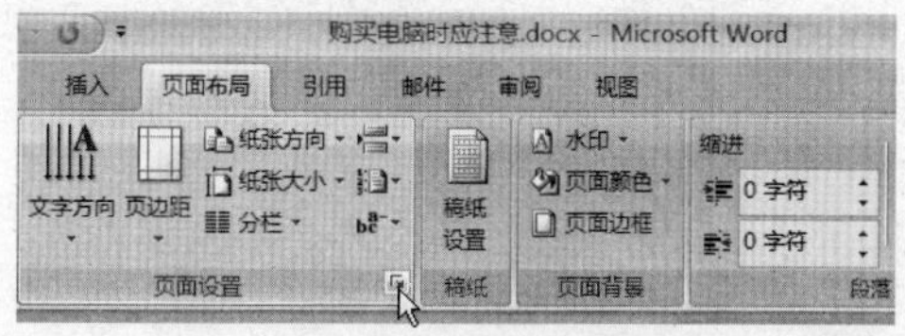

图 3-5-9

(2) 打开“页面设置”对话框，选择“纸张”选项卡，在“纸张大小”下拉列表框中选择“A4”选项。

(3) 选择“页边距”选项卡，在“页边距”选项组的“上”、“下”、“左”、“右”数值框中分别输入“2 厘米”、“2.5 厘米”、“4 厘米”、“4 厘米”。

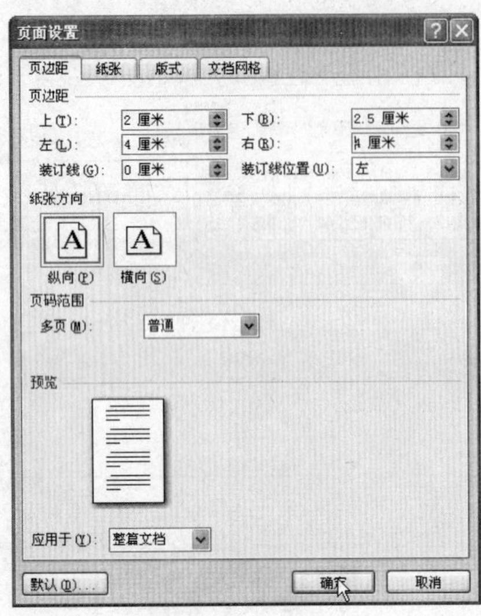

图 3-5-10

(4) 单击“确定”按钮，如图 3-5-10 所示，关闭“页面设置”对话框。注意观察文档中所设置的效果。

3.5.3 打印 Word 文档

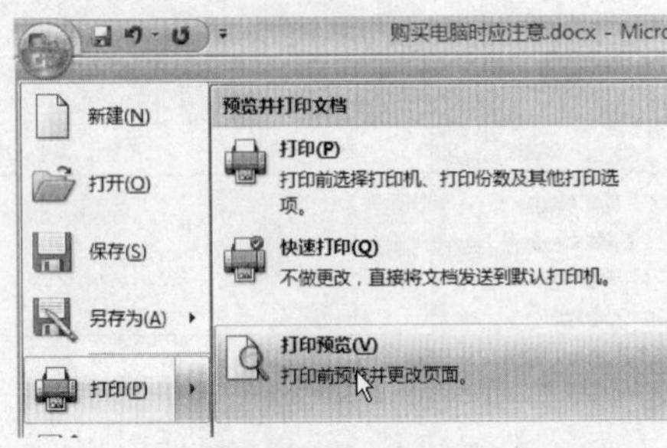

图 3-5-11

1. 打印预览

(1) 打开“购买电脑时应注意”文档，单击Office按钮，在弹出的菜单中选择“打印→打印预览”命令，如图 3-5-11 所示。

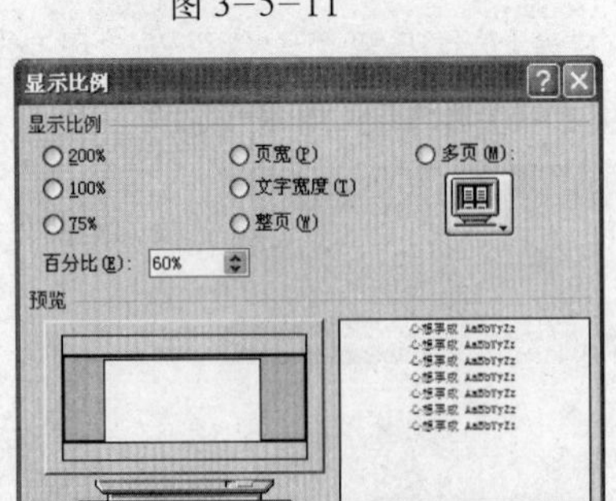

图 3-5-12

(2) 在“打印预览”选项卡“预览”组中勾选“放大镜”复选框，单击“显示比例”按钮，在打开的“显示比例”对话框中将“百分比”设置为“60%”，单击“确定”按钮，如图 3-5-12 所示。

(3) 注意观察预览的效果，然后，单击“关闭打印预览”按钮，返回到文档界面中。

2. 打印文档

单击Office按钮，在弹出的菜单中选择“打印→打印”命令，在打开的“打印”对话框的“名称”下拉列表框中选择所要连接的打印机。在“页面范围”栏中选择所要打印的文档页面，这里选择“全部”单选按钮。单击“确定”按钮开始打印当前文档，如图3-5-13所示。

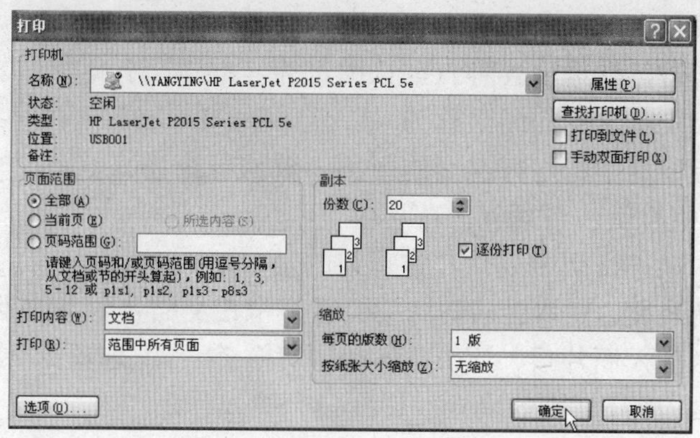

图3-5-13

3.6 习　题

1.填空

(1) 在默认状态下，快速访问工具栏位于Word 窗口顶部______按钮右侧。

(2) 快速访问工具栏中默认显示的按钮是______。

(3) Word 2007默认的文件后缀是______。

(4) 有的工具栏右下角有一个小图标，称为______按钮。

(5) 所有关于文本编辑的操作都将在______中完成。

(6) 在普通视图下可以显示______方向上的标尺。

(7) 在Word 2007中，对于新建的文档，按“Ctrl+S”组合键可打开______对话框。

(8) 对于已保存过的文档，选择“另存为”命令主要是用于将文档在电脑中______。

(9) 在打开文档时，如一次打开多个连续的文档，可按住______并进行选择；如一次打开多个不连续的文档，可按住______并进行选择。

(10) 新建的空白文档的文本插入点就在文档的______。

(11) 按住______键，单击需要选定的句中任意位置处即可完成对该句的选定操作。

(12) 选定文本后，按住Delete键便可将其______。

(13) 不选定文本，按住Delete键将删除光标______的文本。

(14) Word文档是______、______和______等对象的载体，如果需要在文档中进行输入或编辑等操作，首先需要创建文档或打开已有的文档。

(15) 运用______功能可以将已经存在的文本内容复制到当前文档或其他文档的任意位置。

(16) 运用______功能可以将文本内容从文档的“此处”移到“彼处”。

(17) 按______组合键可打开“查找和替换”对话框。

(18) 按______组合键可撤销上一步的操作。

(19) 在 Word 2007 中，系统默认的字体为______、字号为______。

(20) 字符间距包括三种类型，分别是______、______和______。

(21) 段落缩进是指段落中的文本与______之间的距离。

(22) 在对段落进行缩进设置时，默认缩进为______字符。

(23) 相邻两个段落之间的间距称为______。

(24) 行距是指段落中行与行之间的距离，默认行距为______。

(25) 按______组合键，可设置段落居中。

(26) 在报刊、杂志排版中应用非常普遍的是______。

(27) 为了清晰地表达文本之间的结构关系，常在文档各要点前添加______或______。

(28) 在文档中插入图片后，Word 将自动切换至______选项卡，在该选项卡中，可完成对图片的调整、图片样式的设置、图片排列等操作。

(29) 如果在剪辑库中没有找到比较满意的剪贴画，也可以在文档中插入计算机中已有的______。

(30) 文本框是一种特殊的______，可以被置于页面中的任何位置。

(31) 绘制文本框后在打开的“文本框工具‘______’”选项卡中可设置其各种效果。

(32) 对于一些两页以上的文档，可以为其插入______，使文档看起来更完整。

(33) 办公人员为了提高工作效率，将其中具有代表性的文档格式定义为______。

(34) Word 本身提供的样式称为______。

(35) 插入______可以方便读者查找文档中某一部分的内容或快速地纵览全文结构。

(36) ______是一种特殊的 Word 文档，它决定了文档的基本结构和文档设置。

(37) 文档的______分别位于文档各页面的最上方和最下方。

(38) 通过 Word 的页眉页脚功能，可以编辑文档顶部或底部的内容，此时______内容呈灰色显示，处于不可编辑状态。

(39) Word 默认的页面大小为______。

(40) 在打印之前，用户可以使用 Word 的______功能，查看文档被打印在纸张上的真实效果。

2.单项选择题

(1) Office 按钮位于窗口的（ ）。

A.左上角　　B.右上角

C.左下角　　D.右下角

(2) 新建 Word 文档的快捷键是（ ）。

A.Ctrl+A　　B.Ctrl+O

C.Ctrl+N　　D.Ctrl+E

(3) 在打开文档时，如果需要一次打开多个连续的文档，可按住（ ）键并进行选择。

A.Ctrl　　B.Alt

C.Enter
D.Shift

(4) Word 2007文档文件的扩展名是（ ）。

A.doc
B.docx
C.txt
D.dot

(5) 在Word 2007当中显示正在操作的文档名称和程序名称等信息的是（ ）。

A.标题栏
B.状态栏
C.工具栏
D.视图栏

(6) 在Word 2007的状态栏中单击（ ）按钮可以进入页面视图版式。

A.
B.
C.
D.

(7) 在编辑文档时，按"Ctrl+U"组合键将会使选定的文本变为（ ）。

A.居中
B.粗体
C.斜体
D.下划线

(8) 不能通过（ ）来删除选定的文本。

A.按退格键←
B.按Delete键
C."Ctrl+X"键
D."Ctrl+C"键

(9) 在编辑文档时，当光标左侧是楷体，右侧是宋体时，则在光标处输入的字是（ ）。

A.楷体
B.宋体
C.隶书
D.无法确定

(10) 可以通过键盘直接输入的特殊符号是（ ）。

A.@
B.版权符号
C.商标符号
D.货币符号

(11) 使用Word 2007编辑文档时，按住（ ）键在屏幕上拖动鼠标拉出一块矩形区域即可选定垂直文本。

A.Ctrl
B.Alt
C.Tab
D.Shift

(12) 在Word 2007中按钮表示（ ）。

A.文本左对齐
B.居中
C.文本右对齐
D.两端对齐

(13) 在Word 2007中默认的段落对齐方式是（ ）。

A.文本左对齐
B.居中
C.文本右对齐
D.两端对齐

(14) 在Word 2007中用中文标准来表示的最大字号是（ ）。

A.一号
B.初号
C.二号
D.八号

(15) 单击（ ）按钮将选定的文本设置为倾斜字形。

A. B
B. I

C. abc　　D. U

(16) 选择（ ）菜单中的“标尺”命令可以显示或隐藏标尺。

A.开始　　B.插入

C.视图　　D.页面布局

(17) 标尺中的▭图标表示（ ）缩进。

A.左缩进　　B.右缩进

C.首行缩进　　D.悬挂缩进

(18) 在 Word 2007 中默认的行间距是（ ）。

A.单倍行间距　　B.多倍行间距

C.2 倍行间距　　D.固定值

(19) 在 Word 2007 中应用首字下沉排版时需要单击（ ）。

A.插入选项卡　　B.页面布局选项卡

C.引用选项卡　　D.视图选项卡

(20) 在 Word 2007 中系统提供的剪贴画以（ ）为扩展名。

A.jpg　　B.bmp

C.wmf　　D.jif

(21) 在 Word 2007 中一次插入多幅图片时，可以按钮（ ）键再进行选择。

A.Tab　　B.Alt

C.Ctrl　　D.Shift

(22) 在（ ）选项卡中可以设置文本框的各种效果。

A.文本框工具‘格式’　　B.插入

C.文本框工具‘样式’　　D.页面布局

(23) 插入表格时，在网格框顶部出现的“m × n表格”表示要创建的是（ ）行（ ）列表格。

A.m、n　　B.n、m

C.m、m　　D.n、n

(24) 当在一个单元格中输入数据后，按（ ）键可以依次向后切换单元格。

A.Ctrl　　B.Alt

C.Tab　　D.Shift

(25) 可以在“页面设置”对话框的（ ）选项卡中设置页边距和纸张方向的是。

A.页边距　　B.纸张

C.版式　　D.文档网格

(26) 给 Word 文档插入表格的命令通过（ ）菜单来操作。

A.开始　　B.插入

C.引用　　D.视图

(27) 在 Word 2007 中，（ ）用来控制文档正文与页边沿之间的距离。

A.左缩进　　B.页边距

C.首行缩进　　D.右缩进

(28) 在 Word 2007 中，用户可以通过（ ）中的“打印”命令来打印文档。

A.单击 Office 按钮，在弹出的菜单　　B.视图菜单

C.开始菜单　　D.页面布局菜单

(29) Word 2007 打印预览从（ ）开始。

A.文档的末尾页　　B.文档的开始页

C.当前光标所在位置处　　D.文档的当前页

(30) 在编辑文档时，当输入文本满一页时，会自动插入一个（ ）。

A.插入符　　B.分节符

C.分页符　　D.以上都不对

3.多项选择题

(1) 下面关于标题栏叙述正确的有（ ）。

A.标题栏位于快速访问工具栏的右侧　　B.标题栏位于快速访问工具栏的左侧

C.标题栏显示正在操作的文档的名称　　D.标题栏右侧只有一个窗口控制按钮

E.标题栏右侧有三个窗口控制按钮

F.双击标题栏可执行“向下还原／最大化”操作

(2) Word 2007 的工作界面主要包括（ ）。

A.Office 按钮　　B.快速访问工具栏

C.标题栏　　D.功能选项卡和功能区

E.文档编辑区　　F.状态栏和视图栏

(3)“插入特殊符号”对话框中包含（ ）选项卡。

A.单位符号　　B.数字符号

C.拼音　　D.数学符号

E.标点符号　　F.特殊符号

(4) 下列叙述中正确的是（ ）。

A.单击 Office 按钮可以执行新建、打开、保存等命令

B.文档编辑区中的闪烁光标用来定位文本的输入位置

C.Word 文档是文本、图表和图片等对象的载体

D.要对文档进行输入或编辑等操作首先需要创建文档或打开已有的文档

E.“另存为”命令只能保存已存过的文档

F.任何情况下，按“Ctrl+S”组合键都可以打开“另存为”对话框

(5) 在 Word 2007 中通过（ ）操作可以打开“查找和替换”对话框。

A.按“Ctrl+F”组合键　　B.按“Ctrl+E”组合键

C.在“开始”选项卡上单击“编辑”组中的“查找”按钮

D.在“开始”选项卡上单击“编辑”组中的“替换”按钮

E.在“开始”选项卡上单击“编辑”组中的“选择”按钮

(6) 在 Word 2007 中关于“字号”叙述正确的是（ ）。

A.输入文本默认设置的字号为“四号”　　B.输入文本默认设置的字号为“五号”

C.Word 2007有两种字号表示方法，一种中文标准，另一种西文标准

D.用西文标准时，5表示最小字号　　　E.用中文标准时，一号大于初号

(7) 在Word 2007中，视图可分为（ ）。

A.普通视图　　　B.页面视图

C.阅读版式视图　　　D.大纲视图

E.备注视图　　　F.Web版式视图

(8) Word 2007的字符间距分为（ ）。

A.标准　　　B.加宽

C.居中　　　D.紧缩

(9) 打开Word 2007“段落”对话框，在“行距”下拉按钮中可选的值有（ ）。

A.单倍行距　　　B.1.5倍行距

C.2倍行距　　　D.最小值

E.固定值　　　F.多倍行距

(10) 在Word 2007“开始”选项卡的“段落”组中可设置的段落对齐方式有（ ）。

A.文本左对齐　　　B.文本右对齐

C.居中对齐　　　D.两端对齐

E.上下对齐　　　F.分散对齐

(11) Word 2007的“页面布局”选项卡的“页面设置”组中可以进行的设置有码（ ）。

A.文字方向　　　B.纸张方向

C.纸张大小　　　D.页边距

E.分隔符　　　F.页面颜色

(12) Word 2007的水平标尺中包括的标记有（ ）。

A.首行缩进　　　B.左缩进

C.右缩进　　　D.悬挂缩进

(13) 在Word 2007的“开始”选项卡的“字体”组中可设置（ ）等选项。

A.字体　　　B.字号

C.文字效果　　　D.字符行距

E.字符间距　　　F.文字颜色

(14) 在Word 2007打开的“字体”对话框中的“字形”主要包括（ ）。

A.常规　　　B.缩小

C.倾斜　　　D.加宽

E.加粗　　　F.加粗并倾斜

(15) 利用Word 2007提供的自选绘图工具可以绘制的形状有（ ）等。

A.线条　　　B.基本形状

C.箭头总汇　　　D.流程图

E.标注　　　F.星与旗帜

(16) 在Word 2007中关于插入表格叙述正确的有（ ）。

A.通过选择需要的行数和列数自动插入

B.根据需要手动绘制表格

C.在自动插入的表格中不可以手动绘制表络或线条

D.在自动插入的表格中可以手动绘制表络或线条

(17) Word 2007表格中的单元格中数据垂直对齐方式有（ ）。

A.顶端对齐　　B.左对齐

C.右对齐　　D.底端对齐

E.居中　　F.分散对齐

(18) Word 2007表格在文档中的对齐方式有（ ）。

A.顶端对齐　　B.左对齐

C.右对齐　　D.底端对齐

E.居中　　F.分散对齐

(19) 在Word 2007打印预览时可按（ ）比例显示文档。

A.1%到999%　　B.10%到500%

C.页宽　　D.文字宽度

E.整页　　F.多页

(20) 通过Word 2007打印文档时可进行的页面选择有（ ）。

A.打印全部页　　B.打印指定页

C.打印奇数页　　D.打印偶数页

E.打印连续页　　F.打印不连续页

4.判断题

(1) 普通视图下可以显示页眉和页脚。( )

(2) 在Word 2007的同一个窗口只可以打开一个文档。( )

(3) 设置自动保存文档的时间间隔只能是5分钟。( )

(4) 如果一次选择打开多个不连续的文档，可按住Ctrl键再进行选择。( )

(5) 在文档中除了可以输入普通文本外，还可以输入特殊符号以及插入图片、表格等内容。( )

(6) 在文本编辑状态下拖动鼠标便可选定字或词。( )

(7) 在不选中文本的情况下，按Backspace键便可删除光标右侧的一个字符。( )

(8) 运用复制功能可将已经存在的文本内容从文档的“此处”移动到“彼处”。( )

(9) 按“Ctrl+F”组合键可以打开“查找和替换”对话框。( )

(10) 在Word 2007中系统默认的字体为“楷体”、默认的字号为“五号”。( )

(11) 在Word 2007中默认的字体颜色为“黑色”，但可对其进行改变设置。( )

(12) 字符间距是指字符间的距离，包括四种类型，分别是“标准”、“加宽”、“双倍”和“紧缩”。( )

(13) 段落缩进是指段落中的文本与页边框之间的距离，主要包括首行缩进和悬挂缩进。( )

（14）段落进行首行缩进或悬挂缩进时默认缩进为2字符，用户是不可改变的。（ ）

（15）可以在文本框中插入表格、文字但不可以插入图片。（ ）

（16）在 Word 2007制作的表格中，按 Tab键可以依次向后切换单元格，按“Shitf+Tab”组合键则依次向前切换单元格。（ ）

（17）Word 2007中的样式分为内置样式和自定义样式两种。（ ）

（18）模板是一种特殊的 Word 文档，不可以由用户自己创建。（ ）

（19）在页面视图中可以显示与实际打印效果完全相同的文件样式。（ ）

（20）在 Word 2007中修改页眉页脚时也可以编辑正文内容。（ ）

第 4 章　电子表格软件 Excel 2007

本章学习目标：

(1) Excel 2007 的启动与退出。

(2) 工作簿的基本操作。

(3) 工作表的基本操作。

(4) 单元格的基本操作。

(5) 数据的计算、管理与分析。

4.1　Excel 2007 的启动与退出

4.1.1　Excel 2007 的启动

● 如果桌面上有 Excel 2007 的快捷图标，只需直接双击，即可启动 Excel 2007。

● 单击“开始”按钮，从打开的“开始”菜单中选择“所有程序”→“Microsoft Office”→“Microsoft Office Excel 2007”菜单项，即可启动 Excel 2007。

● 双击 Excel 格式文件，也可启动 Excel 2007。

第一次启动 Excel 2007 后，注意观察 Excel 2007 的桌面，如图 4-1-1 所示。

图 4-1-1

Excel 2007 的工作界面主要由 Office 按钮，快速访问工具栏、标题栏、功能选项卡、功能区、编辑栏、列标、行号、工作表格区、状态栏和滚动条等组成。

4.1.2 Excel 2007的退出

- 用鼠标单击Excel工作簿右侧的“关闭”按钮×。
- 在打开的Excel工作簿中单击Office按钮，从弹出的下拉菜单中单击“退出Excel”按钮。
- 在要关闭的Excel工作簿中，按“Alt+F4”组合键。

4.2 工作簿的基本操作

在Excel中，主要的操作对象就是工作簿、工作表和单元格。

4.2.1 新建工作簿

- 启动Excel 2007，会自动创建一个新的工作簿。
- 使用“Ctrl+N”组合键，可以快速创建新的空白工作簿。

图 4-2-1

- 使用菜单创建工作簿

(1) 启动Excel 2007，单击Office按钮，在弹出的下拉菜单中选择“新建”命令，如图4-2-1所示。

(2) 在打开的“新建工作簿”对话框中单击“空工作簿”图标。

(3) 单击“创建”按钮即可创建空工作簿。

4.2.2 保存工作簿

- 在快速访问工具栏中单击“保存”按钮或按“Ctrl+S”组合键也可对工作簿进行保存。
- 单击Office按钮，从弹出的下拉菜单中选择“保存”命令。设置保存路径、名称及保存类型，单击“保存”按钮即可将工作簿保存。
- 在当前工作簿中单击Office按钮，在弹出的下拉菜单中选择“另存为”命令。在打开的“另存为”对话框的“保存位置”下拉列表框中选择工作簿保存位置；在“文件名”文本框中输入工作簿的名称，默认工作簿的保存类型，单击“保存”按钮保存当前工作簿。

试用任一种方法将新创建的工作簿用名称“销售情况统计”来保存。

4.2.3　打开与关闭工作簿

1.打开工作簿

(1) 在当前工作簿中单击 Office 按钮，在弹出的下拉菜单中选择“打开”命令。

(2) 打开“打开”对话框，在“查找范围”下拉列表中选择工作簿的路径。

(3) 选中“销售情况统计”工作簿，单击“打开”按钮即可将其打开。

2.关闭工作簿

选择“Office→关闭”命令。

或按“Alt+F4”组合键。

或单击标题栏右侧的“关闭”按钮。

4.2.4　保护工作簿

用户要保存有重要信息的工作簿，可以给要保护的工作簿设置密码以限制其他人的查看和修改。

(1) 在当前的工作簿中单击“审阅”选项卡“更改”组中的“保护工作簿”按钮，在弹出的菜单中选择“保护结构和窗口”命令，如图 4-2-2 所示。

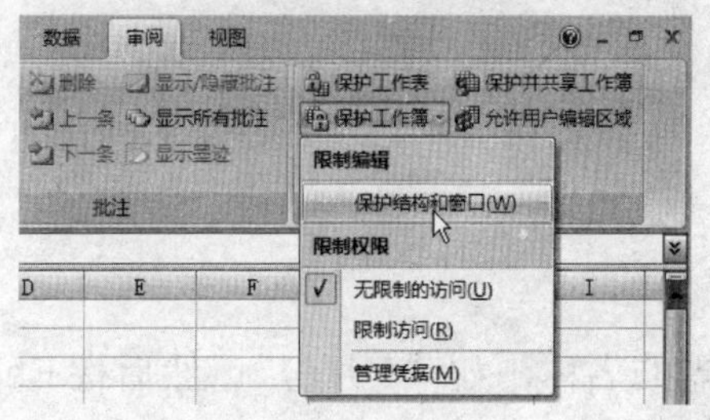

图 4-2-2

(2) 在打开的“保护结构和窗口”对话框中，勾选“结构”复选框，在“密码（可选）”文本框中输入密码，单击“确定”按钮，如图 4-2-3 所示。

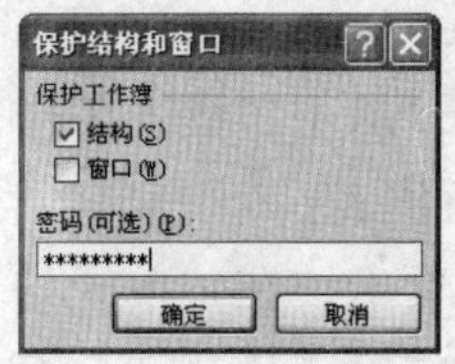

图 4-2-3

(3) 在打开的“确认密码”对话框中重复输入密码，单击“确定”按钮，保护密码便设置成功。

4.3　工作表的基本操作

工作表用于组织和管理各种相关的数据信息，用户可以在同一工作簿中创建多张工作表，在其中输入和编辑数据。选择工作表的操作通常是通过工作表标签来完成的。

4.3.1　选择工作表

一个工作簿有多张工作表，必须首先选择工作表然后才能对其进行各种操作。

1.选择一张工作表

在需要选择的工作表标签上单击，如单击“Sheet2”工作表标签，则选择的工作表为当前工作表，用户便可对其进行操作。

2.选择连续的多张工作表

先单击要选择的第一张工作表的标签“Sheet1”，按住Shift键，单击最后一张工作表的标签，如“Sheet3”，此时可以选择“Sheet1”和“Sheet3”工作表及其之间的所有工作表。

3.选择不连续的多张工作表

先单击要选择的第一张工作表的标签“Sheet1”，按住Ctrl键，单击还要选择的工作表的标签，如“Sheet3”，此时不相邻的“Sheet1”和“Sheet3”工作表均被选中。

4.选择所有工作表

在任意工作表标签上单击鼠标右键，在弹出的快捷菜单中选择“选定全部工作表”命令，即可选择当前工作簿中的全部工作表。要注意观察对工作表各种选择的效果。

4.3.2 重命名工作表

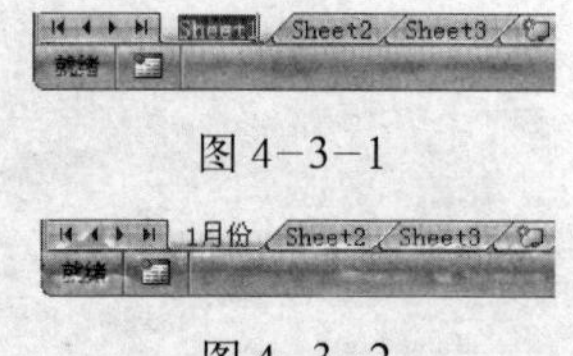

图 4-3-1

图 4-3-2

(1) 打开“销售情况统计表”工作簿，双击要重命名的工作表标签“Sheet1”，此时需要重命名的工作表标签呈高亮度显示，如图 4-3-1 所示。

(2) 在高亮显示的工作表标签上直接输入所需的名称，如“1 月份”，然后按Enter键即可，如图 4-3-2 所示。

4.3.3 插入工作表

● 在工作表标签处，单击“插入工作表”按钮或按“Shift+F11”组合键，可以快速插入一张新的工作表。

● 打开“开始”选项卡，在“单元格”组中单击“插入”按钮后面的倒三角按钮，在弹出的下拉菜单中选择“插入工作表”命令，将在工作表标签处插入一张新的工作表。

● 用鼠标右键单击当前活动工作表，在弹出的快捷菜单中选择“插入”命令，在打开的“插入”对话框中选择“工作表”选项，单击“确定”按钮。也可以插入一张新的工作表。

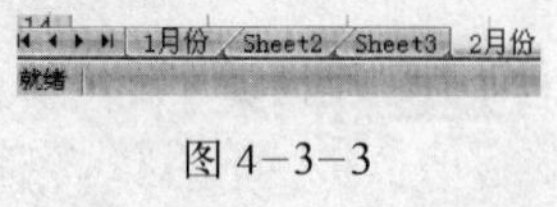

图 4-3-3

要注意观察各种插入工作表后的效果，试用任一种方法给“销售情况统计表”工作簿插入一张新的工作表，并将其命名为“2 月份”，如图 4-3-3 所示。

4.3.4 删除工作表

● 打开“开始”选项卡，在“单元格”组中单击“删除”按钮后面的倒三角按钮，在弹出的下拉菜单中选择“删除工作表”命令，即可删除当前选中的工作表。

● 用鼠标右键单击要删除的工作表，在弹出的快捷菜单中选择“删除”命令，也可删除工作表。

用任一种方法删除“销售情况统计表”中的“1月份”工作表，要注意观察删除后的结果，在它后面相邻的工作表将变成当前的活动工作表，如图4-3-4所示。

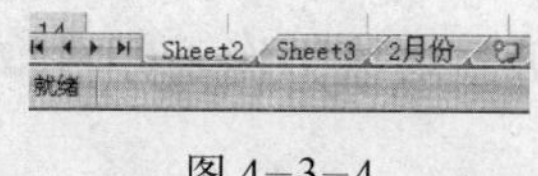

图4-3-4

4.3.5　移动和复制工作表

1.在同一工作簿中复制和移动

(1) 选择要移动的“Sheet2”工作表，按住鼠标左键，当鼠标变为形状时，拖动工作表到“Sheet3”工作表后松开鼠标左键，如图4-3-5所示。注意观察移动后的结果。

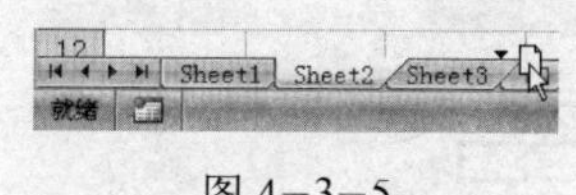

图4-3-5

(2) 选择移动后的“Sheet2”工作表，同时按住鼠标左键和Ctrl键，当鼠标变成形状时，将其拖动到“Sheet1”工作表前。复制所得的工作表以“Sheet2 (2) 的名称显示，如图4-3-6所示。注意观察复制后的结果。

图4-3-6

2.在不同的工作簿中移动或复制

(1) 在需要复制或移动的工作表标签上单击右键，在弹出的快捷菜单中选择“移动或复制工作表”命令，如图4-3-7所示。

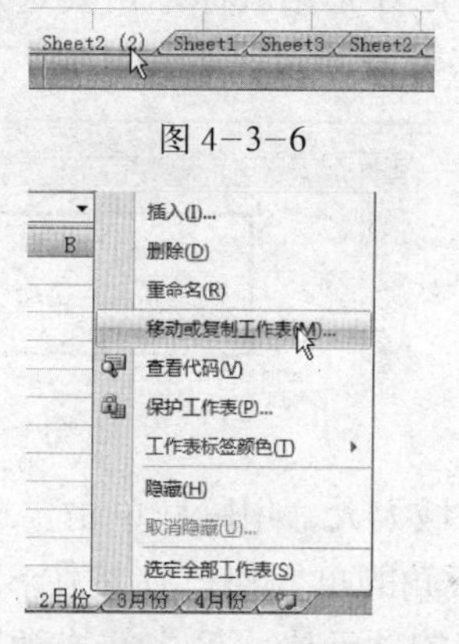

图4-3-7

(2) 在打开的“移动或复制工作表”对话框的“将选定工作表移至工作簿”下拉列表中选择目标工作簿的名称，如图4-3-8所示。

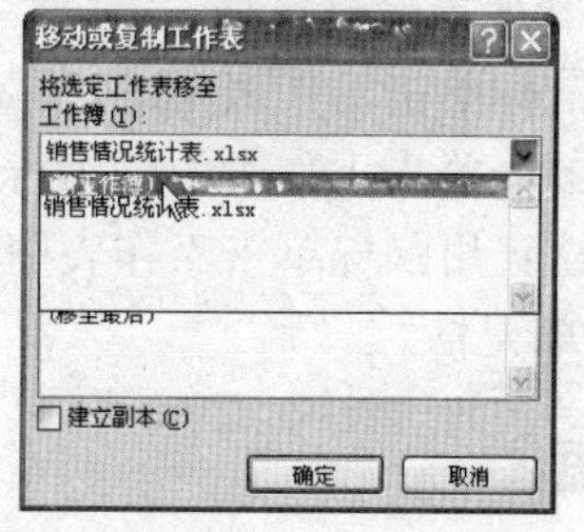

图4-3-8

如果是进行复制工作表操作，则再要勾选“建立副本”复选框，然后单击“确定”按钮。要注意观察移动或复制在操作中的区别及结果的区别。

4.3.6　隐藏或显示工作表

● 选中要隐藏的工作表，单击鼠标右键，在弹出的菜单中选择“隐藏”命令，此时选中的工作表被隐藏。

● 在当前工作表单击鼠标右键，在弹出的快捷菜单中选择“取消隐藏”命令，在打开的“取消隐藏”对话框的“取消隐藏工作表”下拉列表中选择需要取消隐藏的工作表，单击“确定”按钮，则该工作表即可取消隐藏。

4.4 单元格的基本操作

4.4.1 选择单元格

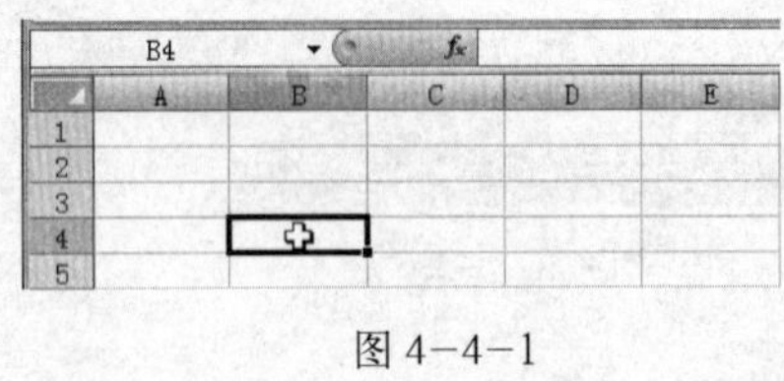

图 4-4-1

选择一个单元格：直接单击需要选择的单元格，或单击名称框，在其中输入需要选择的单元格的行号和列标，均可选中单元格，如图 4-4-1 所示。

选择多个单元格：首先用鼠标单击要选取区域左上角的单元格，按住鼠标左键并拖动鼠标到最终单元格释放即可，如图 4-4-2 所示。

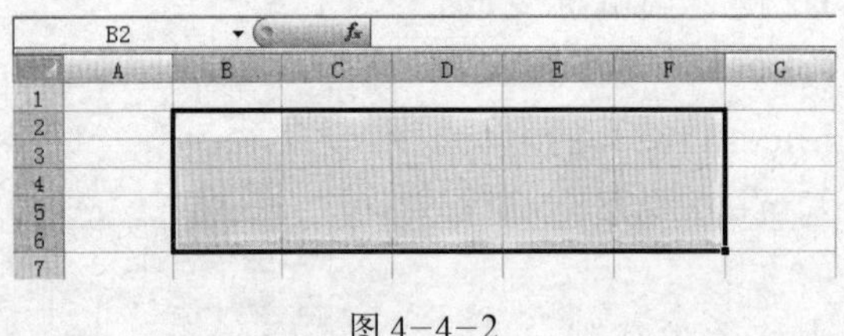

图 4-4-2

如果单元格的区域太大，用鼠标单击要选取区域左上角的单元格，然后拖动滚动条，将鼠标光标指向右下角的单元格，在按住 Shift 的同时单击鼠标左键即可。

选择多个不相邻的单元格，单击并拖动鼠标选定第一个单元格区域，然后按住 Ctrl 键，再用鼠标选定其他单元格区域。

选择整行：用鼠标单击工作表中的行号，即可选择该行。

选择整列：用鼠标单击工作表中的列标，即可选择该列。

选择全部单元格：用鼠标单击工作表中行标记和列标记交叉处的 ◢ 按钮，即可选择工作表中的全部单元格。

4.4.2 输入数据

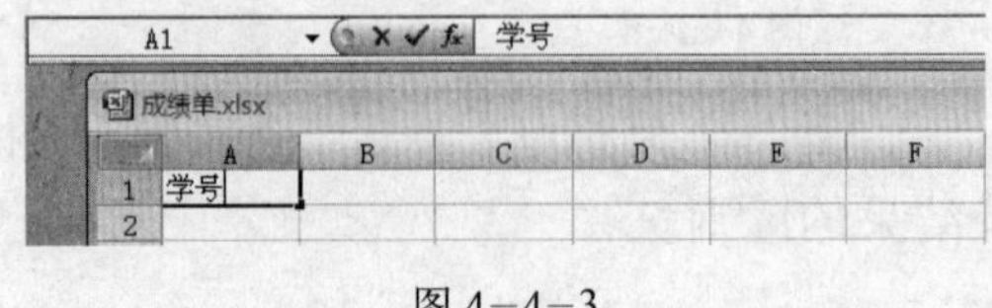

图 4-4-3

新建一个“成绩单”工作簿，选择 A1 单元格，直接输入“学号”，如图 4-4-3 所示。

按 Enter 键，自动选择该列的下一行单元格，按 Tab 键自动选择右边单元格，用鼠标单击编辑栏左边的“√”按钮或单击工作表的任意单元格，输入数据即被确定；如果单击编辑栏左边的“×”按钮或按 Esc 键可放弃本次数据的输入。

4.4.3　快速填充数据

(1) 在打开的工作表的 A2 单元格中输入数字“1”，选中 A2:A11 单元格区域，如图 4-4-4 所示。

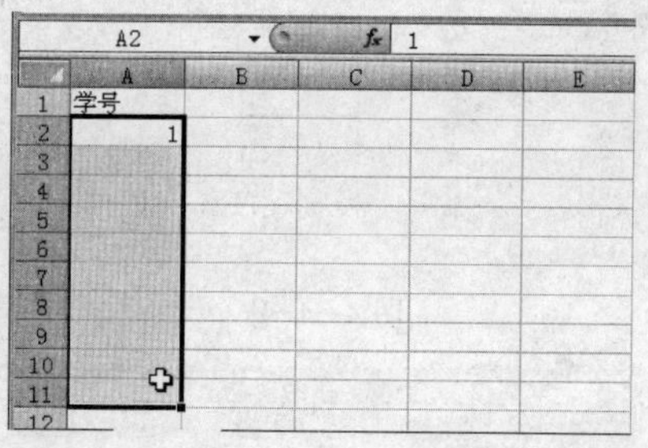

图 4-4-4

(2) 选择“开始”选项卡，单击“编辑”组中的“填充”按钮，在弹出的菜单中选择“系列”命令，如图 4-4-5 所示。

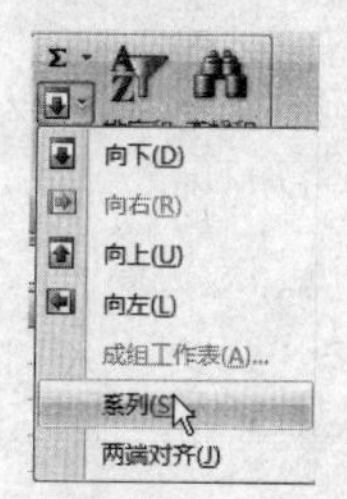

图 4-4-5

(3) 在打开的“序列”对话框中，选中“序列产生在”组中的“列”单选按钮；在“类型”组中选中“等差序列”单选按钮；在“步长值”文本框中输入数字“1”，在“终止值”文本框中输入数字“10”。

单击“确定”按钮，如图 4-4-6 所示。

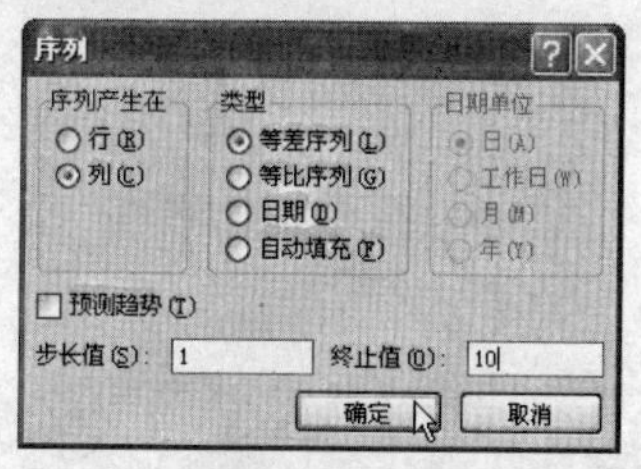

图 4-4-6

(4) 返回至工作表编辑区，仔细观察结果。在“序列”对话框中，改变“终止值”文本框中的输入数字，观察结果的不同。

4.4.4　修改单元格数据

1. 在单元格中修改数据

(1) 打开“员工基本情况表”工作簿，单击选择 D7 单元格中的数据“8”，如图 4-4-7 所示。

(2) 在单元格中直接输入正确的数字“16”，按 Enter 键完成整个单元格中数据的修改，如图 4-4-8 所示。

D7　fx 8

	A	B	C	D	E
1	员工编号	性别	年龄	工龄	
2	1	女	31	6	
3	2	女	27	3	
4	3	男	43	20	
5	4	女	34	9	
6	5	男	26	1	
7	6	男	36	8	
8	7	男	40	16	
9	8	女	41	11	
10					

图 4-4-7

D8　fx 16

	A	B	C	D	E
1	员工编号	性别	年龄	工龄	
2	1	女	31	6	
3	2	女	27	3	
4	3	男	43	20	
5	4	女	34	9	
6	5	男	26	1	
7	6	男	36	11	
8	7	男	40	16	
9	8	女	41	11	
10					

图 4-4-8

C5 | 34

	A	B	C	D	E
1	员工编号	性别	年龄	工龄	
2	1	女	31	6	
3	2	女	27	3	
4	3	男	43	20	
5	4	女	34	9	
6	5	男	26	1	
7	6	男	36	11	
8	7	男	40	16	
9	8	女	41	11	
10					

图 4-4-9

(3) 双击选择 C5 单元格，移动鼠标指针至4后并单击以定位光标，如图4-4-9所示，按 Backspace 键删除错误的数据“4”。

C6 | 26

	A	B	C	D	E
1	员工编号	性别	年龄	工龄	
2	1	女	31	6	
3	2	女	27	3	
4	3	男	43	20	
5	4	女	32	9	
6	5	男	26	1	
7	6	男	36	11	
8	7	男	40	16	
9	8	女	41	11	
10					

图 4-4-10

(4) 输入正确的数据“2”，按 Enter 键完成，如图 4-4-10 所示。

A1 | 员工编号

	A	B	C	D	E
1	员工编号	性别	年龄	工龄	
2	1	女	31	6	
3	2	女	27	3	
4	3	男	43	20	
5	4	女	32	9	
6	5	男	26	1	
7	6	男	36	11	
8	7	男	40	16	
9	8	女	41	11	
10					

图 4-4-11

2. 在编辑栏中修改数据

(1) 打开“员工基本情况表”工作簿，单击选择A1单元格，A1单元格中的内容显示在编辑栏中，如图 4-4-11 所示。

A1 | 员工序号

	A	B	C	D	E
1	员工序号	性别	年龄	工龄	
2	1	女	31	6	
3	2	女	27	3	
4	3	男	43	20	
5	4	女	32	9	
6	5	男	26	1	
7	6	男	36	11	
8	7	男	40	16	
9	8	女	41	11	
10					

图 4-4-12

(2) 在编辑栏中将鼠标指针定位到“编号”后面并单击，按Backspace键删除“编号”，输入“序号”，如图 4-4-12 所示。注意查看修改后 A1 单元格中的数据。

4.4.5 移动、复制数据到插入的单元格中

1. 插入单元格

A6 | 4

	A	B	C	D	E	F
1	员工信息表					
2	员工编号	出生年月	性别	学历	职称	参工时间
3	1	1970-5-8	男	大专	中级	2000-4-5
4	2	1981-5-27	男	本科	中级	2001-4-10
5	3	1975-4-20	男	大专	中级	2001-6-7
6	4	1976-4-1	女	硕士	高级	2001-10-8
7	5	1972-1-1	女	本科	中级	2002-1-3
8	6	1984-4-5	男	本科	中级	2002-5-2
9	7	1976-2-2	男	本科	中级	2002-8-3
10	8	1983-2-5	男	本科	中级	2002-10-4
11	9	1984-1-1	男	大专	初级	2004-10-4
12	10	1976-2-1	女	硕士	中级	2005-2-12

图 4-4-13

(1) 打开“员工信息表”工作簿，选择 A6:F6 单元格，如图 4-4-13 所示。

（2）在“单元格”组中单击“插入”按钮，在弹出的菜单中选择“插入单元格”命令，如图 4-4-14 所示。

（3）在打开的“插入”对话框中，选中“整行”单选按钮，单击“确定”按钮，如图 4-4-15 所示。

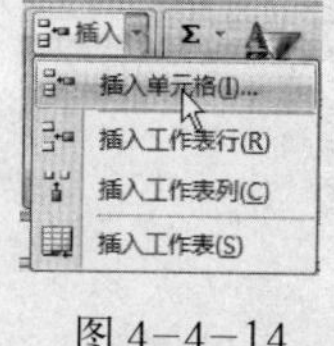

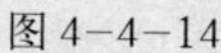
图 4-4-14

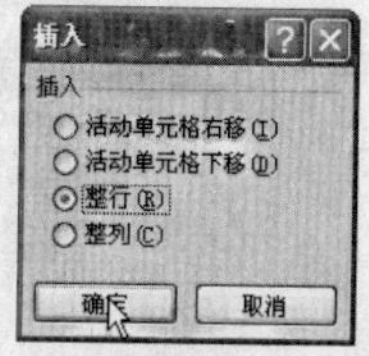

图 4-4-15

（4）返回到工作表区，如图 4-4-16 所示。要注意观察插入整行空白单元格的位置。

A6

	A	B	C	D	E	F
1	员工信息表					
2	员工编号	出生年月	性别	学历	职称	参工时间
3	1	1970-5-8	男	大专	中级	2000-4-5
4	2	1981-5-27	男	本科	中级	2001-4-10
5	3	1975-4-20	男	大专	中级	2001-6-7
6						
7	4	1976-4-1	女	硕士	高级	2001-10-8
8	5	1972-1-1	女	本科	中级	2002-1-3
9	6	1984-4-5	男	本科	中级	2002-5-2
10	7	1976-2-2	男	本科	中级	2002-8-3
11	8	1983-2-5	男	本科	中级	2002-10-4
12	9	1984-1-1	男	大专	初级	2004-10-4

图 4-4-16

2.移动并复制数据

（1）选择 D8 单元格，将鼠标指针移到 D8 单元格边框上，当鼠标指针由 变为 形状时，按住 Ctrl 键的同时单击鼠标并拖动至目标单元格 D6，如图 4-4-17 所示。

D8　本科

	A	B	C	D	E	F
1	员工信息表					
2	员工编号	出生年月	性别	学历	职称	参工时间
3	1	1970-5-8	男	大专	中级	2000-4-5
4	2	1981-5-27	男	本科	中级	2001-4-10
5	3	1975-4-20	男	大专	中级	2001-6-7
6						
7	4	1976-4-1	女	硕士	D6	2001-10-8
8	5	1972-1-1	女	本科	中级	2002-1-3
9	6	1984-4-5	男	本科	中级	2002-5-2
10	7	1976-2-2	男	本科	中级	2002-8-3
11	8	1983-2-5	男	本科	中级	2002-10-4
12	9	1984-1-1	男	大专	初级	2004-10-4

图 4-4-17

（2）释放鼠标左键，注意观察 D6 单元格中添加了和 D8 单元格中相同的内容，如图 4-4-18 所示。

D6　本科

	A	B	C	D	E	F
1	员工信息表					
2	员工编号	出生年月	性别	学历	职称	参工时间
3	1	1970-5-8	男	大专	中级	2000-4-5
4	2	1981-5-27	男	本科	中级	2001-4-10
5	3	1975-4-20	男	大专	中级	2001-6-7
6				本科		
7	4	1976-4-1	女	硕士	高级	2001-10-8
8	5	1972-1-1	女	本科	中级	2002-1-3
9	6	1984-4-5	男	本科	中级	2002-5-2
10	7	1976-2-2	男	本科	中级	2002-8-3
11	8	1983-2-5	男	本科	中级	2002-10-4
12	9	1984-1-1	男	大专	初级	2004-10-4

图 4-4-18

4.4.6　合并单元格

（1）打开“生产记录表”工作簿，选择 A1:F1 单元格区域，单击“对齐方式”组中的“合并后居中”按钮 右侧的下拉按钮，在打开的下拉列表中选择“合并后居中”选项，如图 4-4-19 所示。

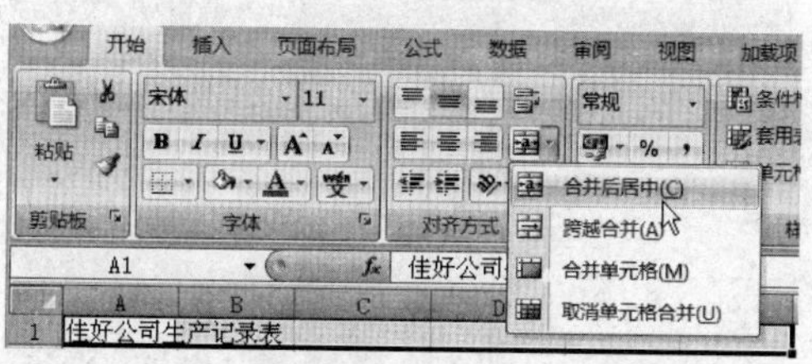

图 4-4-19

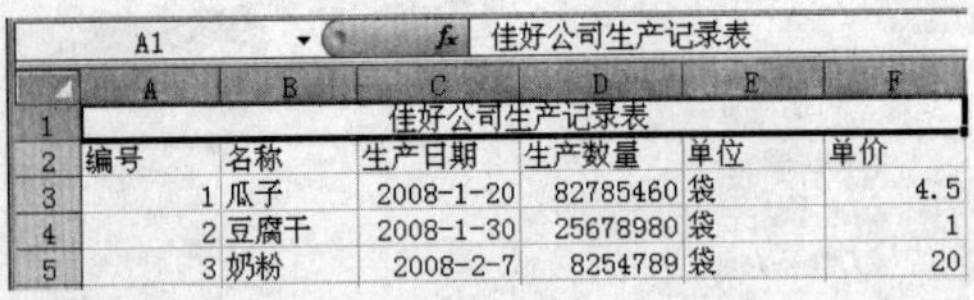

A1	佳好公司生产记录表				
	A	B	C	D	E	F
1	佳好公司生产记录表					
2	编号	名称	生产日期	生产数量	单位	单价
3	1	瓜子	2008-1-20	82785460	袋	4.5
4	2	豆腐干	2008-1-30	25678980	袋	1
5	3	奶粉	2008-2-7	8254789	袋	20

图 4-4-20

（2）合并后的表格如图 4-4-20 所示。要注意观察 A1 单元格合并前后的变化。

4.4.7 删除单元格

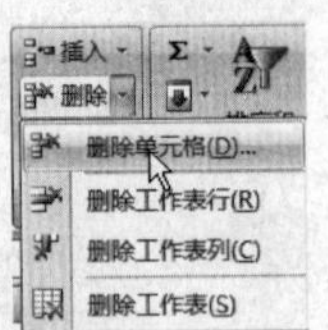

图 4-4-21

（1）打开“员工信息表”工作簿，选择多余的“A6:F6”单元格区域。在“单元格”组中单击“删除”按钮 删除，在弹出的菜单中选择“删除单元格”命令，如图 4-4-21 所示。

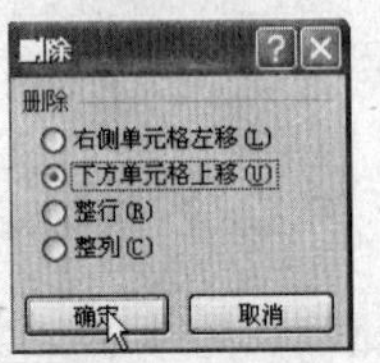

图 4-4-22

（2）在打开的“删除”对话框中，选中“下方单元格上移”单选按钮，单击“确定”按钮，如图 4-4-22 所示。

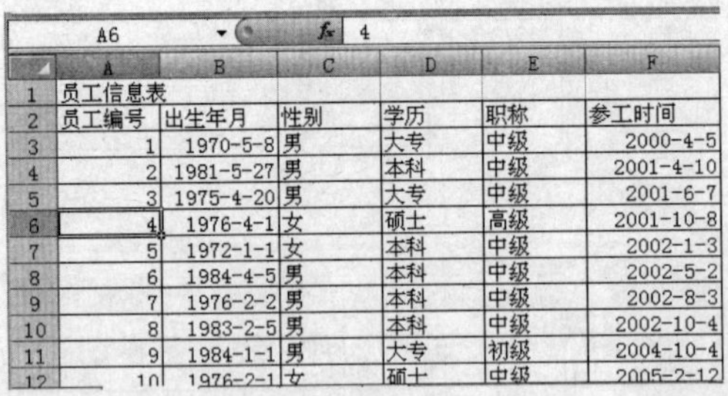

A6	4					
	A	B	C	D	E	F
1	员工信息表					
2	员工编号	出生年月	性别	学历	职称	参工时间
3	1	1970-5-8	男	大专	中级	2000-4-5
4	2	1981-5-27	男	本科	中级	2001-4-10
5	3	1975-4-20	男	大专	中级	2001-6-7
6	4	1976-4-1	女	硕士	高级	2001-10-8
7	5	1972-1-1	女	本科	中级	2002-1-3
8	6	1984-4-5	男	本科	中级	2002-5-2
9	7	1976-2-2	男	本科	中级	2002-8-3
10	8	1983-2-5	男	本科	中级	2002-10-4
11	9	1984-1-1	男	大专	初级	2004-10-4
12	10	1976-2-1	女	硕士	中级	2005-2-12

图 4-4-23

（3）删除单元格后的表格如图 4-4-23 所示。要注意观察单元格中的变化。

4.5 单元格格式的设置

4.5.1 设置文字格式

A1	公司生产记录表					
	A	B	C	D	E	F
1	公司生产记录表					
2	编号	名称	生产日期	生产数量	单位	单价
3	1	瓜子	2008-1-20	82785460	袋	4.5
4	2	豆腐干	2008-1-30	25678980	袋	1

图 4-5-1

（1）打开“生产记录表”工作簿，单击 A1 单元格选中标题文本，如图 4-5-1 所示。

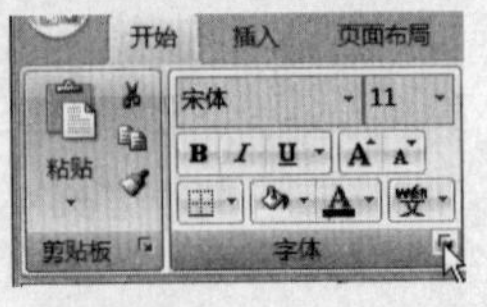

图 4-5-2

（2）单击“开始”选项卡的“字体”组中的“对话框启动器”按钮，如图 4-5-2 所示。

（3）在打开的“设置单元格格式”对话框中默认显示“字体”选项卡，在“字体”下

拉列表中选择“黑体”，在“字号”列表框中选择“16”，在弹出的颜色下拉列表框中选择“橙色”，单击“确定”按钮，如图 4-5-3 所示。

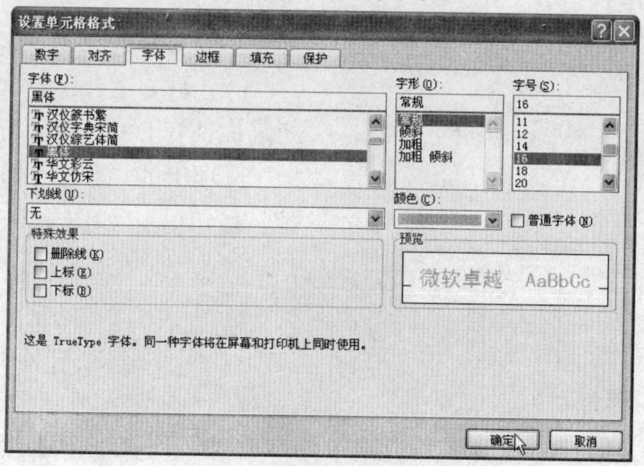

图 4-5-3

（4）返回至工作表编辑区，注意观察设置文字格式后的工作表。

4.5.2　设置数字格式

1. 设置货币型数字格式

（1）打开“生产记录表”工作簿，单击F3单元格，拖动鼠标选择F3:F13单元格区域，单击“开始”选项卡的“数字”组中的“对话框启动器”按钮，如图4-5-4所示。

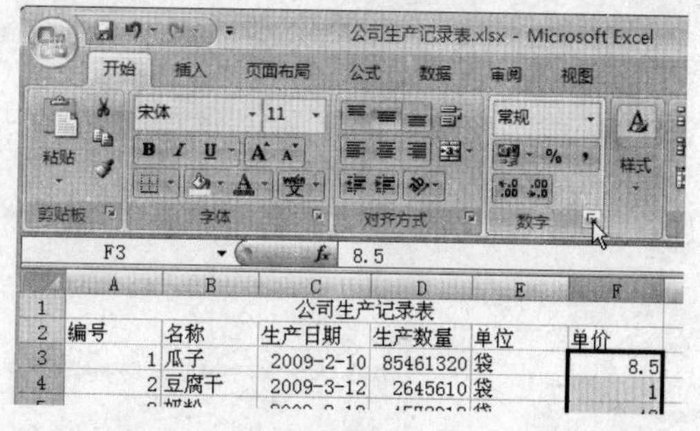

图 4-5-4

（2）在打开的“设置单元格格式”对话框的“数字”选项卡的“分类”列表框中选择“货币”选项；然后在“小数位数”数值框中将值设置为“2”，在“货币符号”下拉列表框中选择“￥”选项，如图 4-5-5 所示。

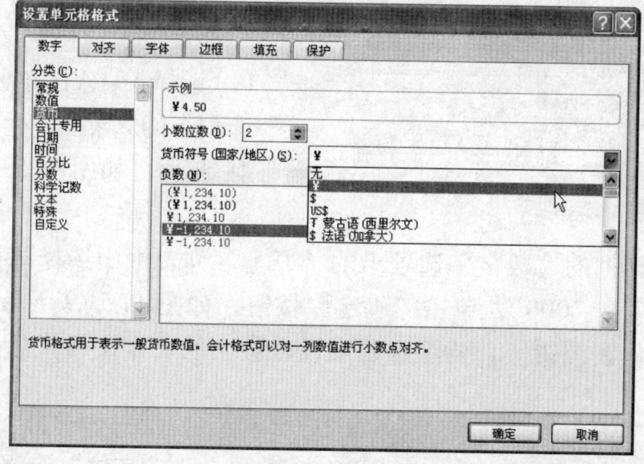

图 4-5-5

（3）单击“确定”按钮，返回至工作表编辑区，要注意观察设置货币型数字格式后的工作表的具体变化。

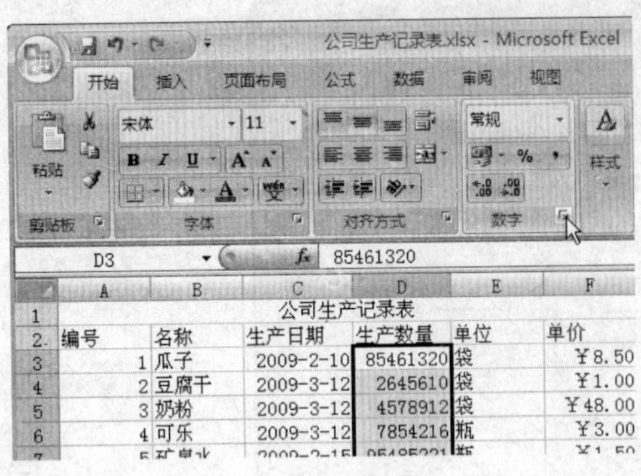

图 4-5-6

2.设置小数型数字格式

（1）打开工作簿，单击D3单元格，拖动鼠标选择D3:D13单元格区域，单击“开始”选项卡的“数字”组中的“对话框启动器”按钮，如图 4-5-6 所示。

（2）在打开的对话框的“数字”选项卡的“分类”列表框中选择“数值”选项。在“小数位数”数值框中将值设置为“0”，勾选“使用千位分隔符”复选框，单击“确定”按钮，如图 4-5-7 所示。

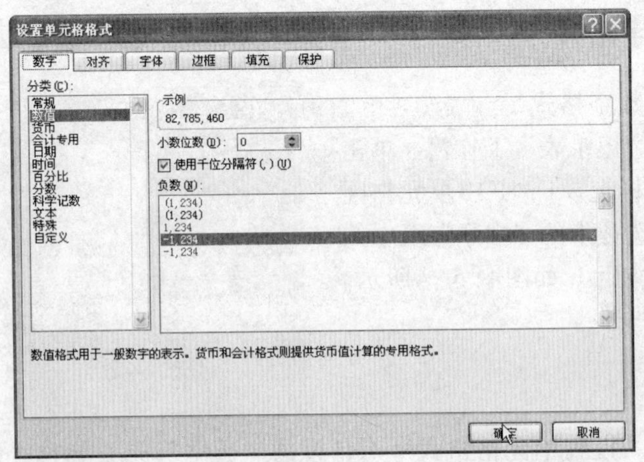

图 4-5-7

（3）返回至工作表编辑区，要注意观察设置小数型数字格式后的表格的变化。

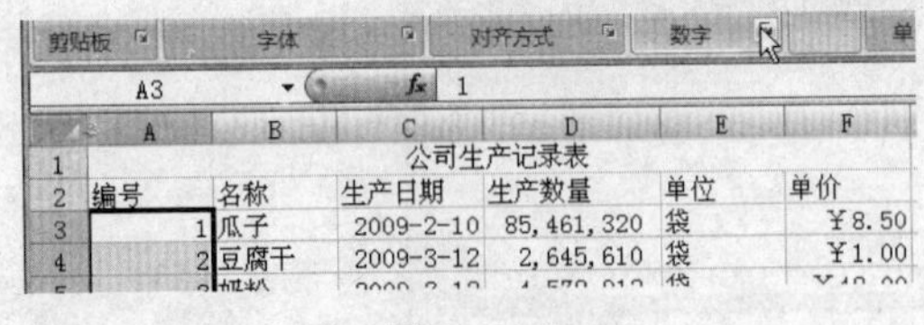

图 4-5-8

3.设置数字的自定义格式

（1）选择A3:A13单元格区域，单击“开始”选项卡的“数字”栏中的“对话框启动器”按钮，如图 4-5-8 所示。

（2）在打开对话框的“数字”选项卡的“分类”列表框中选择“自定义”选项，在“类型”文本框中输入“000”，单击“确定”按钮，如图 4-5-9 所示。

（3）返回至工作表编辑区，要注意观察设置数字的自定义格式后的表格变化。

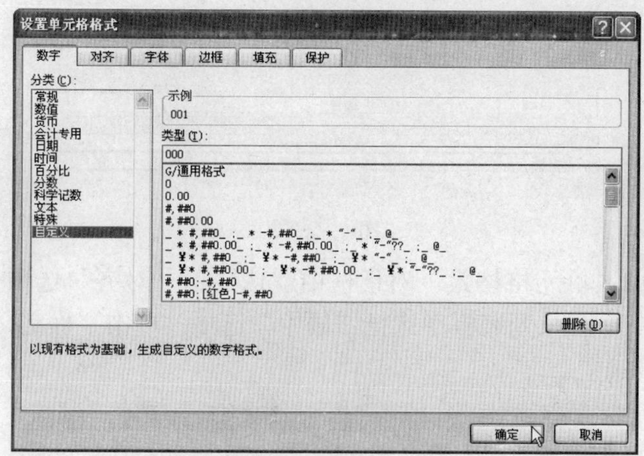

图 4-5-9

4.设置日期和时间格式

(1) 拖动鼠标选择 C3:C13 单元格区域，单击“开始”选项卡的“数字”组中的“对话框启动器”按钮，在打开的“设置单元格格式”对话框的“数字”选项卡的“分类”列表框中选择“日期”选项，在“类型”列表框中选择第 6 个；在“区域设置”下拉列表框中默认选择“中文 (中国)”，单击“确定”按钮，如图 4-5-10 所示。

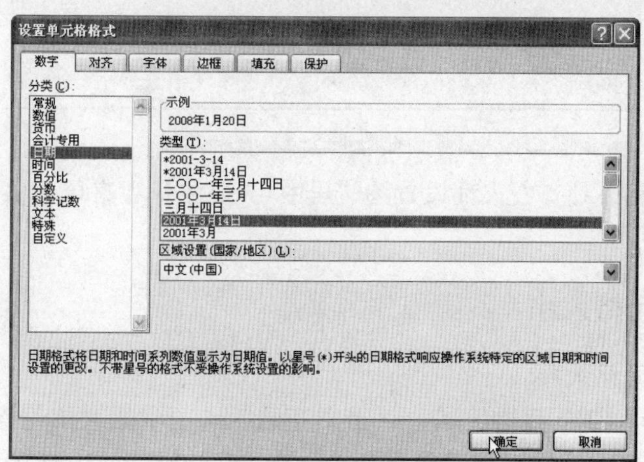

图 4-5-10

(2) 返回至工作表编辑区，应用设置后的表格如图 4-5-11 所示。

	A	B	C	D	E	F
2	编号	名称	生产日期	生产数量	单位	单价
3	001	瓜子	2009年2月10日	85,461,320	袋	￥8.50
4	002	豆腐干	2009年3月12日	2,645,610	袋	￥1.00
5	003	奶粉	2009年3月12日	4,578,912	袋	￥48.00
6	004	可乐	2009年3月12日	7,854,216	瓶	￥3.00
7	005	矿泉水	2009年2月15日	95,485,221	瓶	￥1.50
8	006	饼干	2009年4月17日	549,885	袋	￥6.50
9	007	牛肉干	2009年8月9日	245,485	袋	￥5.80
10	008	牛奶	2010年3月1日	25,462,548	袋	￥2.00
11	009	酸奶	2010年3月3日	2,546,521	袋	￥2.00
12	010	啤酒	2009年12月23日	561,325	瓶	￥5.00
13	011	糕点	2010年2月25日	54,532	盒	￥63.00

图 4-5-11

4.5.3 设置单元格对齐方式

(1) 选择 A2:F2 单元格区域，单击“开始”选项卡的“对齐方式”组中的“对话框

启动器”按钮，如图 4-5-12 所示。

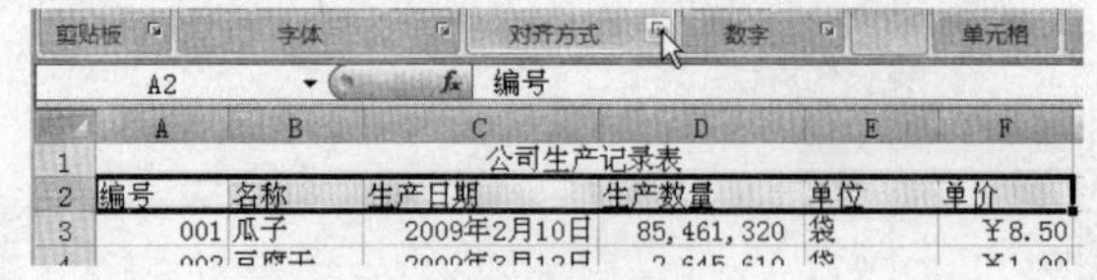

图 4-5-12

(2) 打开的“设置单元格格式”对话框中默认显示“对齐”选项卡，分别在“水平对齐”和“垂直对齐”下拉列表框中选择“居中”选项，单击“确定”按钮，如图 4-5-13 所示。

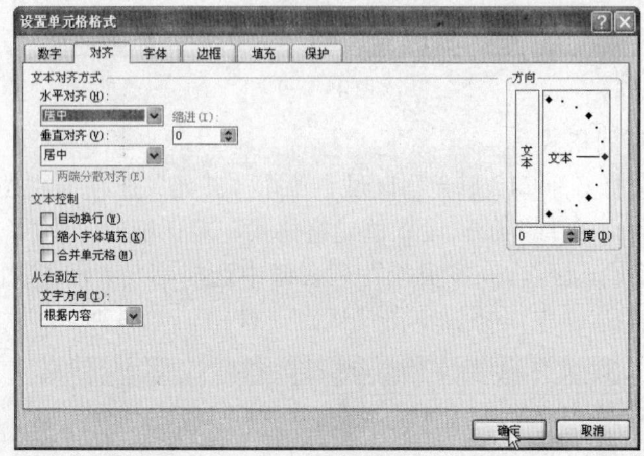

图 4-5-13

(3) 把其他单元格对齐方式都设置为“居中”，要注意观察单元格设置完成后的最终效果。

4.5.4 调整单元格大小

1.自动调整单元格大小

(1) 选择 A12:F12 单元格区域，单击“开始”选项卡的“单元格”组中的“格式”按钮，在弹出的菜单中选择“自动调整行高”命令，如图 4-5-14 所示。

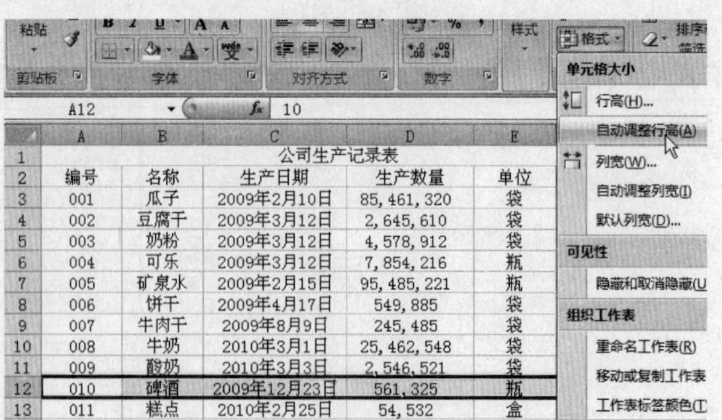

	A	B	C	D	E
1			公司生产记录表		
2	编号	名称	生产日期	生产数量	单位
3	001	瓜子	2009年2月10日	85,461,320	袋
4	002	豆腐干	2009年3月12日	2,645,610	袋
5	003	奶粉	2009年3月12日	4,578,912	袋
6	004	可乐	2009年3月12日	7,854,216	瓶
7	005	矿泉水	2009年2月15日	95,485,221	瓶
8	006	饼干	2009年4月17日	549,885	袋
9	007	牛肉干	2009年8月9日	245,485	袋
10	008	牛奶	2010年3月1日	25,462,548	袋
11	009	酸奶	2010年3月3日	2,546,521	袋
12	010	啤酒	2009年12月23日	561,325	瓶
13	011	糕点	2010年2月25日	54,532	盒

图 4-5-14

(2) 要注意观察调整行高后的单元格区域。

2.手动调整单元格大小

(1) 选择 D2:D13 单元格区域，将鼠标指针移到 D 列和 E 列中间的分隔线上，当指针变为 ✛ 形状时，按住鼠标左键进行左右拖动，如图 4–5–15 所示。

	A	B	C	D	E	F
1	公司生产记录表					
2	编号	名称	生产日期	生产数量	单位	单价
3	001	瓜子	2009年2月10日	85,461,320	袋	¥8.50
4	002	豆腐干	2009年3月12日	2,645,610	袋	¥1.00
5	003	奶粉	2009年3月12日	4,578,912	袋	¥48.00
6	004	可乐	2009年3月12日	7,854,216	瓶	¥3.00
7	005	矿泉水	2009年2月15日	95,485,221	瓶	¥1.50
8	006	饼干	2009年4月17日	549,885	袋	¥6.50
9	007	牛肉干	2009年8月9日	245,485	袋	¥5.80
10	008	牛奶	2010年3月1日	25,462,548	袋	¥2.00
11	009	酸奶	2010年3月3日	2,546,521	袋	¥2.00
12	010	碑酒	2009年12月23日	561,325	瓶	¥5.00
13	011	糕点	2010年2月25日	54,532	盒	¥63.00

图 4–5–15

(2) 提示条会显示当前位置所处的列宽，移动到合适位置时，释放鼠标左键。注意观察结果。

(3) 选择 A1 单元格，将鼠标指针移到第 1 行和第 2 行中间的分隔线上，当指针变为 ✛ 形状时，按住鼠标左键进行上下拖动，如图 4–5–16 所示。当移动到合适位置释放鼠标左键。注意观察结果。

	A	B	C	D	E	F
1	公司生产记录表					
2	编号	名称	生产日期	生产数量	单位	单价
3	001	瓜子	2009年2月10日	85,461,320	袋	¥8.50
4	002	豆腐干	2009年3月12日	2,645,610	袋	¥1.00
5	003	奶粉	2009年3月12日	4,578,912	袋	¥48.00

图 4–5–16

4.6　数据的计算

4.6.1　用公式计算

公式可以对工作表中的数值进行加、减、乘、除等各种运算，通常以等号开头。

1.输入公式

(1) 打开“公司费用表”工作簿，单击选择 D3 单元格，在单元格或编辑栏中输入公式“=C3–B3”，如图 4–6–1 所示。

SUM　=C3-B3

	A	B	C	D	E
1	一月份费用				
2	费用科目	本月实用	本月预算	本月余额	
3	办公费	330	400	=C3-B3	
4	宣传费	750	1200		
5	通讯费	600	800		
6	交通费	500	1000		
7	培训费	500	800		
8	招待费	400	1200		
9	管理费	600	1000		
10					

图 4–6–1

(2) 按 Enter 键或单击编辑栏中的“输入”按钮 ✓，即可在单元格中计算出结果。要注意查看输入公式后的 D3 单元格及其在编辑栏中显示的内容。

2.复制公式

在 Excel 中，可以使用复制公式的方法自动算出其他单元格的结果。

(1) 单击选择 D3 单元格，将鼠标指针移到单元格边框上，按住 Ctrl 键，当鼠标指针变为 ↖ 形状时，单击鼠标左键并拖动鼠标到 D4 单元格，如图 4–6–2 所示。

D3　=C3-B3

	A	B	C	D	E
1	一月份费用				
2	费用科目	本月实用	本月预算	本月余额	
3	办公费	330	400	70	
4	宣传费	750	1200		
5	通讯费	600	800		
6	交通费	500	1000		
7	培训费	500	800		
8	招待费	400	1200		
9	管理费	600	1000		
10					

图 4–6–2

（2）松开鼠标左键，再放开 Ctrl 按键或同时松开，要注意观察 D4 单元格的变化。

3.删除公式

在 Execl 2007 中，使用公式计算出结果后，可以设置删除单元格中的公式而保留计算结果。

（1）打开“仓库存货表”工作簿，单击单元格 G3，拖动鼠标选择 G3:G9 单元格区域，单击鼠标右键，在弹出的快捷菜单中选择“复制”命令。

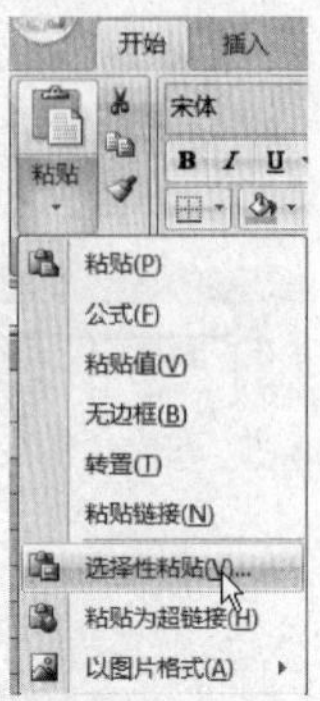

图 4-6-3

（2）单击“开始”选项卡的“剪贴板”组中的“粘贴”按钮，在弹出的下拉菜单中选择“选择性粘贴”命令，如图 4-6-3 所示。

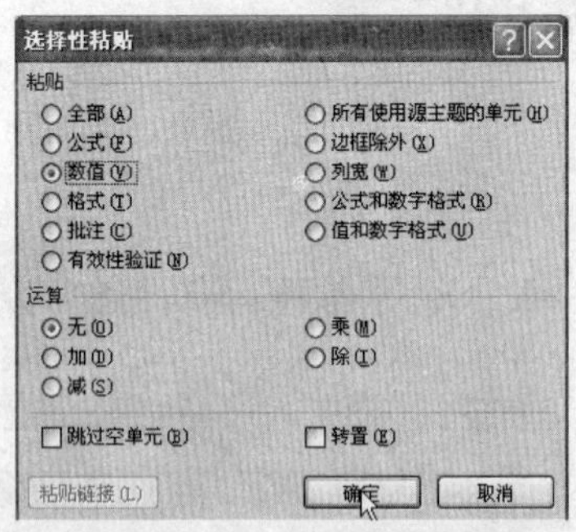

图 4-6-4

（3）在打开的“选择性粘贴”对话框中选择“数值”单选按钮，单击“确定”按钮应用设置，如图 4-6-4 所示。

（4）单击 G3 单元格，注意查看删除公式后的 G3 单元格中的数据在编辑栏中是以普通数据的方式来显示的。

4.6.2 用函数计算

函数是一些预先定义好的公式，一般用于执行复杂的计算。输入函数的格式主要包括“等号（=）”、“函数名称”和“参数”3 个部分。

1.SUM 函数

SUM 函数在 Excel 中通常用来计算单元格区域中的数值之和。

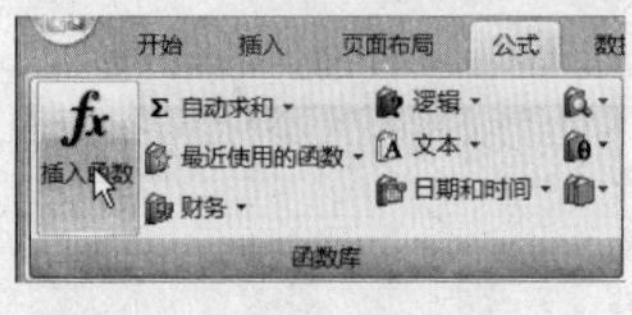

图 4-6-5

（1）打开“学生成绩表”工作簿，单击选择 H3 单元，选择“公式”选项卡，单击“函数库”组中的“插入函数”按钮，如图 4-6-5 所示。

(2) 在打开的“插入函数”对话框的“选择函数”列表框中选择“SUM”函数，单击“确定”按钮，如图 4-6-6 所示。

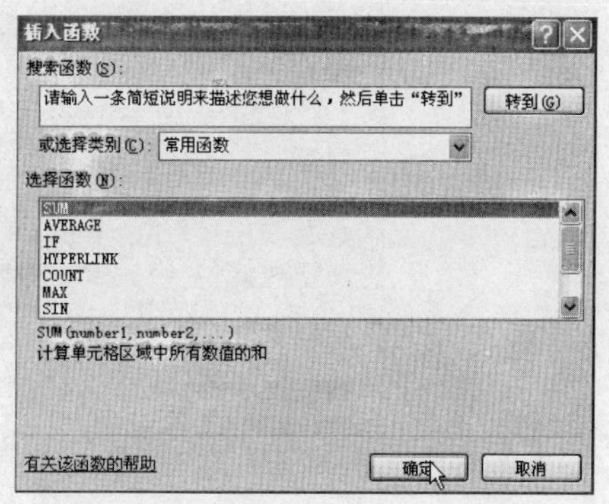

图 4-6-6

(3) 在打开的“函数参数”对话框的“Number1”文本框中输入“B3:G3”单元格区域，单击“确定”按钮，如图 4-6-7 所示。注意观察 H3 单元格将显示“B3:G3”单元格区域中数据的总和。

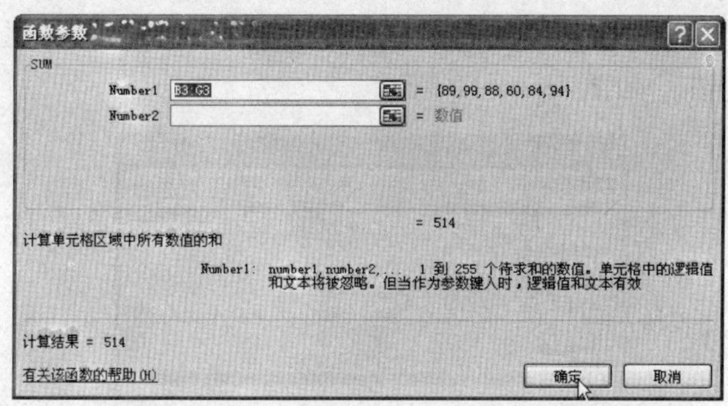

图 4-6-7

2. AVERAGE 函数

AVERAGE 函数是 Excel 电子表格中求平均值的函数，用它可以计算出选定单元格区域中的数值的平均值。

(1) 单击选择 I3 单元格，单击编辑栏中的“插入函数”按钮 f_x。在打开的“插入函数”列表框中选择“AVERAGE”函数，单击“确定”按钮，如图 4-6-8 所示。

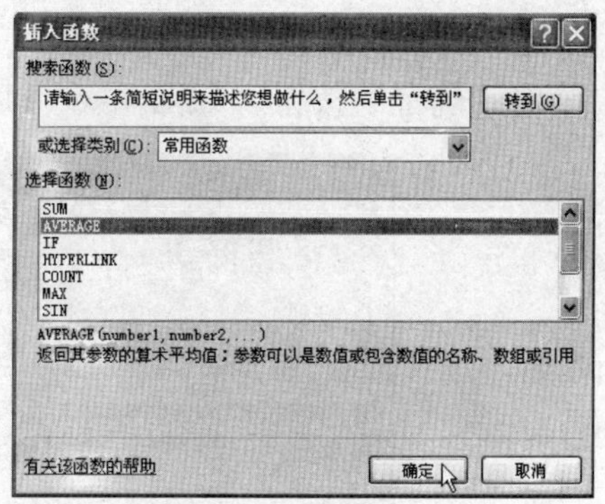

图 4-6-8

(2) 在打开的“函数参数”对话框的“Number1”文本框中输入“B3:G3”单元格区域，单击“确定”按钮，如图 4-6-9 所示。

(3) 注意观察 I3 单元格将显示“B3:G3”单元格区域中数据的平均值。

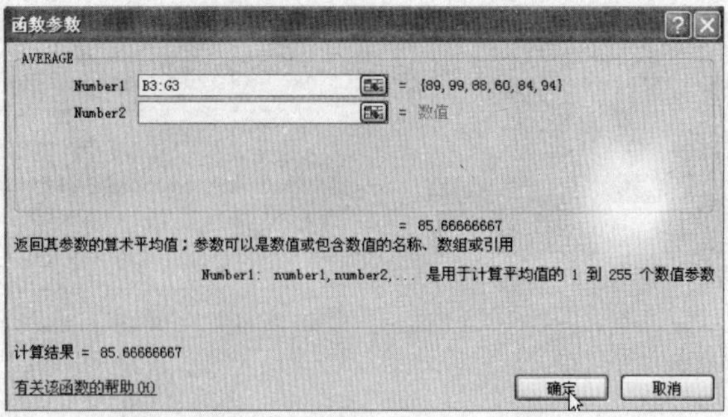

图 4-6-9

3.MAX 函数

MAX 函数是 Excel 电子表格中求最大值的函数，使用它可以计算出选定单元格区域中的数值的最大值。

（1）打开“学生成绩表 1”工作簿，单击选择 H13 单元格，单击编辑栏中的“插入函数”按钮 fx，在打开的“插入函数”对话框的“选择函数”列表框中选择“MAX”函数，单击“确定”按钮，如图 4-6-10 所示。

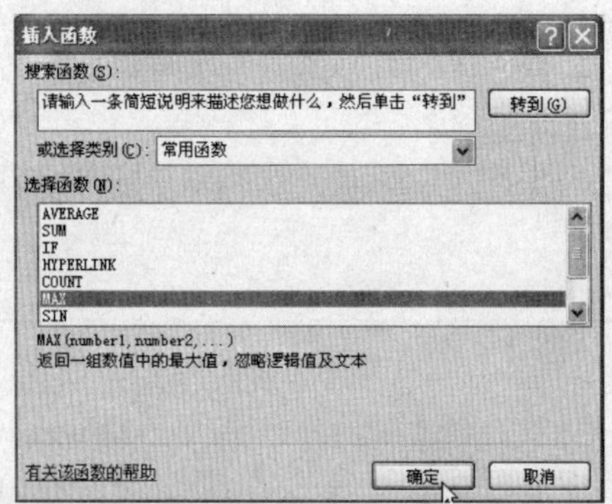

图 4-6-10

（2）在打开的“函数参数”对话框的“Number1”文本框中输入“H3:H12”单元格区域，单击“确定”按钮，如图 4-6-11 所示。

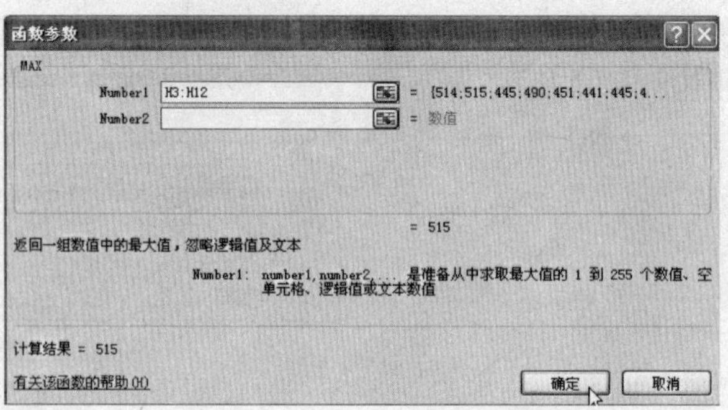

图 4-6-11

（3）注意观察 H13 单元格将显示“H3:H12”单元格区域中数据的最大值，如图 4-6-12 所示。

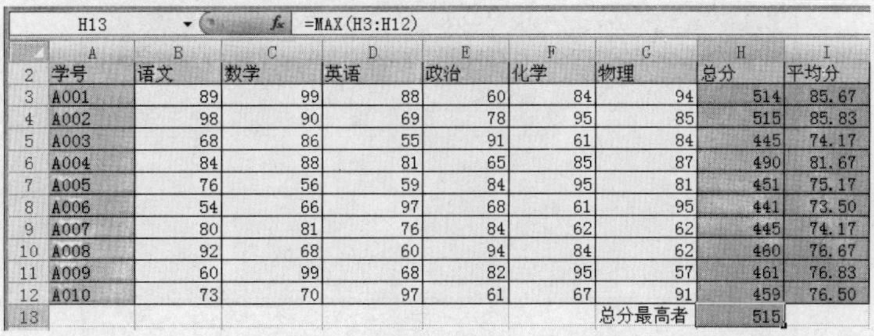

H13　=MAX(H3:H12)

	A	B	C	D	E	F	G	H	I
2	学号	语文	数学	英语	政治	化学	物理	总分	平均分
3	A001	89	99	88	60	84	94	514	85.67
4	A002	98	90	69	78	95	85	515	85.83
5	A003	68	86	55	91	61	84	445	74.17
6	A004	84	88	81	65	85	87	490	81.67
7	A005	76	56	59	84	95	81	451	75.17
8	A006	54	66	97	68	61	95	441	73.50
9	A007	80	81	76	84	62	62	445	74.17
10	A008	92	68	60	94	84	62	460	76.67
11	A009	60	99	68	82	95	57	461	76.83
12	A010	73	70	97	61	67	91	459	76.50
13							总分最高者	515	

图 4-6-12

4.7　数据的管理

4.7.1　数据的排序

1.以升序或降序快速排序

对所选数据按升序排序，最小的数据将位于该列的最前端；按降序排序，最大的数值将位于该列的最前端。

(1) 打开“高二 (1) 班学生成绩表”工作簿，单击选择B2单元格，单击“数据”选项卡的“排序和筛选”组中的“升序”按钮，如图 4-7-1 所示。

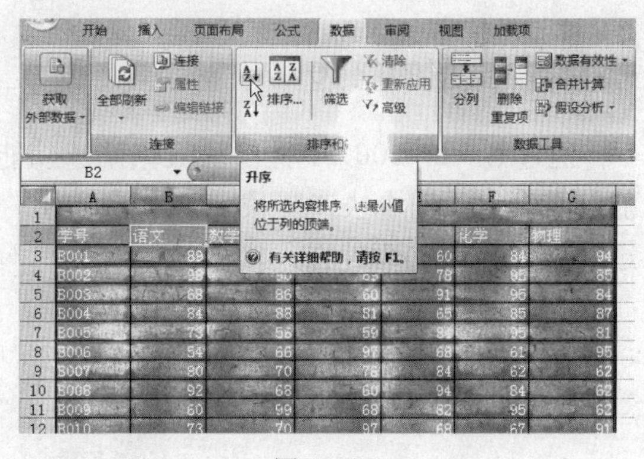

图 4-7-1

(2) 注意观察 B 列中的数据呈从低到高的顺序排列。

2.设置多关键字排序

对表格中的数据进行排序后有时会出现相同的值的记录排在一起，可以设置多个关键字对数据进行更细致的排序。

(1) 在“高二 (1) 班学生成绩表”工作簿中，单击选择B2单元格，单击“数据”选项卡的“排序和筛选”栏中的“排序”按钮，如图 4-7-2 所示。

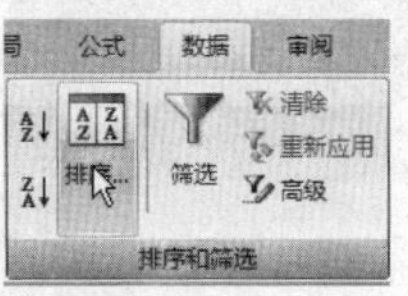

图 4-7-2

(2) 在打开的“排序”对话框的“主要关键字”下拉列表框中选择“数学”选项，“次序”下拉列表框中选择“降序”选项，单击“添加条件”按钮，如图 4-7-3 所示。

(3) 在“次要关键字”下拉列表中选择“语文”选项，在“次序”下拉列表框中选择“降序”选项，如图 4-7-4 所示。

(4) 单击“确定”按钮，注意观察表格中的数据排序后的效果。

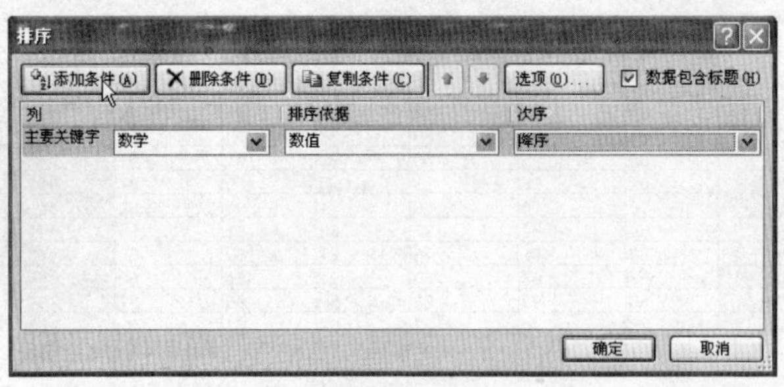

图 4-7-3

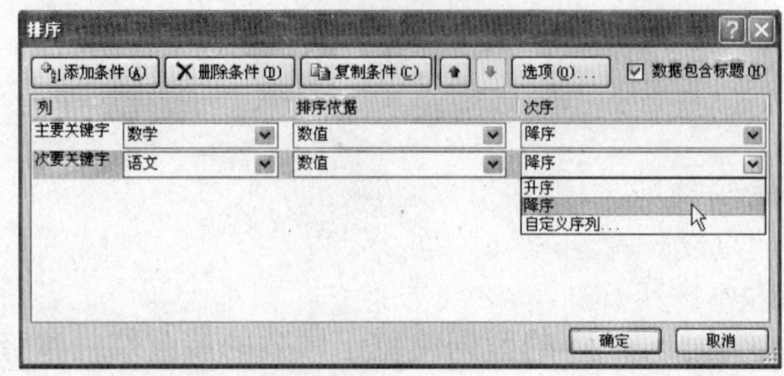

图 4-7-4

4.7.2 数据的筛选

通过 Excel 2007 中提供的数据筛选功能，可以只显示符合条件的数据记录，使用户能够从大量数据中快速查找到需要的部分，从而对其进行各种编辑操作。筛选有自动筛选和自定义筛选两种方式。

1.自动筛选

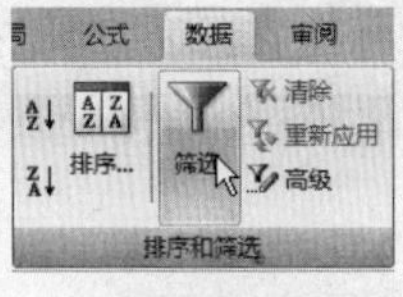

图 4-7-5

(1) 打开“高三 (1) 班成绩表”工作簿，单击表中的任一单元格，单击“数据”选项卡的“排序和筛选”组中的“筛选”按钮，如图 4-7-5 所示。

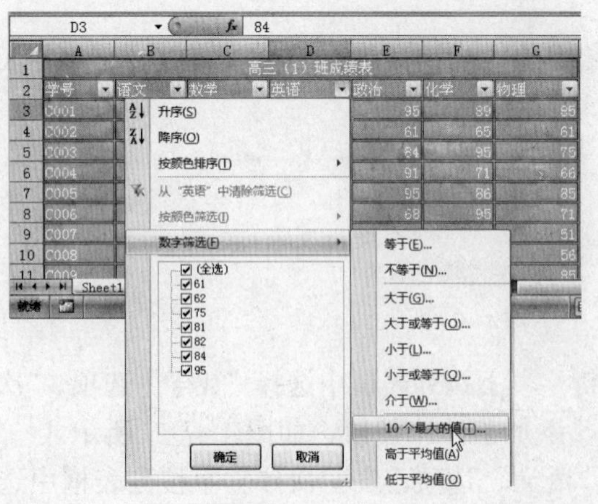

图 4-7-6

(2) 单击字段“英语”右侧的下拉按钮，在弹出的菜单中选择“数字筛选”命令，在弹出的菜单中选择“10 个最大的值”选项，如图 4-7-6 所示。

（3）在打开的“自动筛选前10个”对话框的“显示”栏的数值框中输入“1”，如图4-7-7所示。

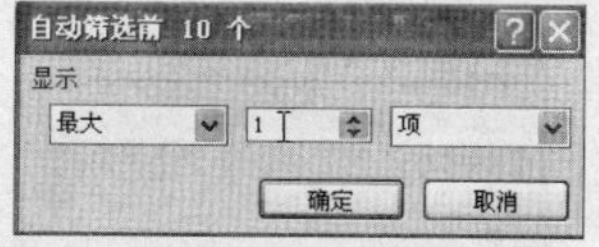

图4-7-7

（4）单击“确定”按钮，对表格数据进行快速筛选。要注意筛选的结果。

2.自定义筛选

（1）打开“高三（1）班成绩表”工作簿，单击表格的任一单元格，单击“数据”选项卡的“排序和筛选”组中的“筛选”按钮。

（2）单击字段“英语”右侧的下拉按钮，在弹出的菜单中选择“数字筛选”命令，再在弹出的子菜单中选择“自定义筛选”命令，如图4-7-8所示。

图4-7-8

（3）在打开的“自定义自动筛选方式”对话框“英语”栏下的第一个下拉列表框中选择“大于或等于”选项，在其后的下拉列表框中输入“80”，第二个下拉列表框中输入“小于”选项，在其后的下拉列表框中输入“90”。如图4-7-9所示，单击“确定”按钮，筛选出“80～90”之间的数据。注意如果改变输入下拉列表框中的数据，而筛选结果的变化。

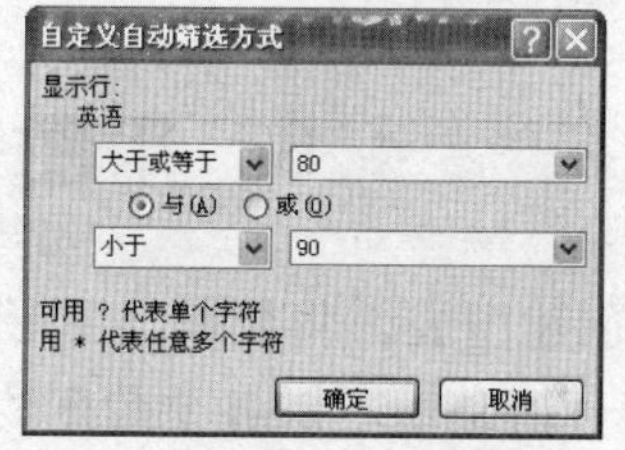

图4-7-9

4.7.3　数据的分类汇总

分类汇总是指将表格中同一类别的数据放在一起进行统计。

（1）打开“加班费表”工作簿，选择B2单元格，单击“数据”选项卡的“排序和筛选”组中的“升序”按钮，如图4-7-10所示，对“部门”进行排序。

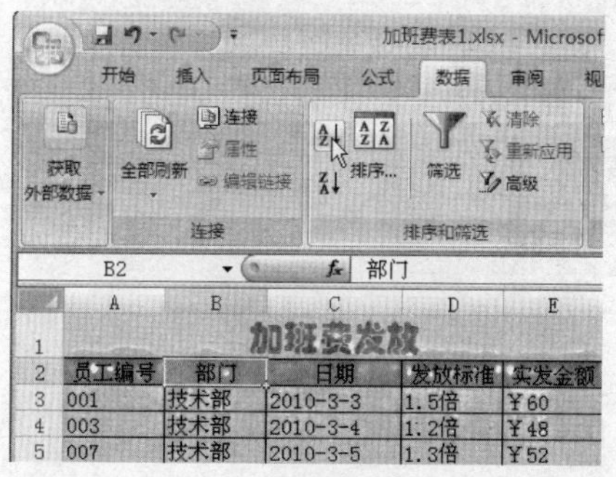

图4-7-10

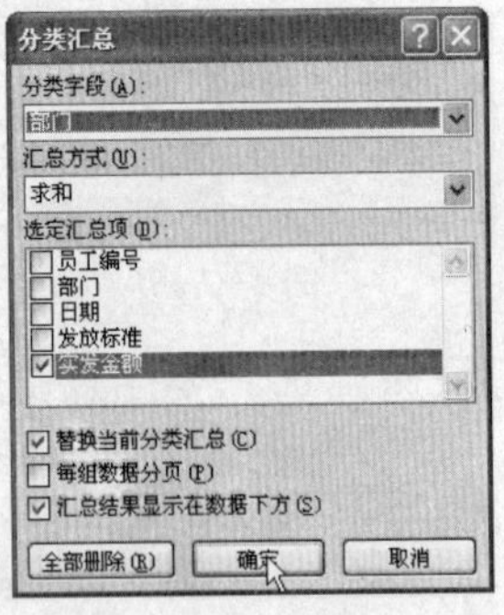

图 4-7-11

(2) 单击“数据”选项卡的“分级显示”组中的“分类汇总”按钮 分类汇总，打开“分类汇总”对话框，在“分类字段”下拉列表中选择“部门”选项，在“汇总方式”下拉列表中选择“求和”选项，在“选定汇总项”中勾选“实发金额”复选框，单击“确定”按钮，如图 4-7-11 所示。

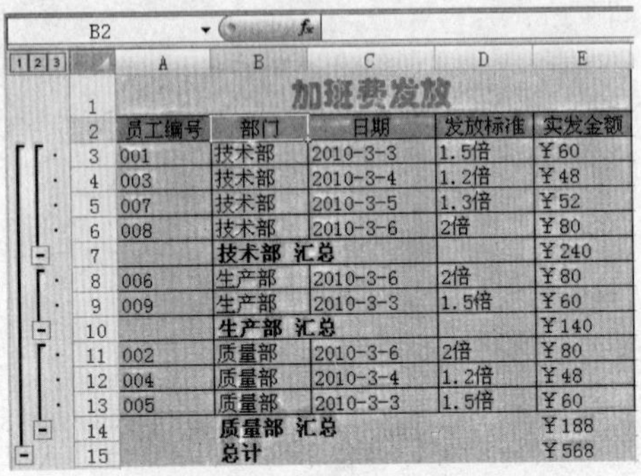

	A	B	C	D	E
1	加班费发放				
2	员工编号	部门	日期	发放标准	实发金额
3	001	技术部	2010-3-3	1.5倍	￥60
4	003	技术部	2010-3-4	1.2倍	￥48
5	007	技术部	2010-3-5	1.3倍	￥52
6	008	技术部	2010-3-6	2倍	￥80
7		技术部 汇总			￥240
8	006	生产部	2010-3-6	2倍	￥80
9	009	生产部	2010-3-3	1.5倍	￥60
10		生产部 汇总			￥140
11	002	质量部	2010-3-6	2倍	￥80
12	004	质量部	2010-3-4	1.2倍	￥48
13	005	质量部	2010-3-3	1.5倍	￥60
14		质量部 汇总			￥188
15		总计			￥568

图 4-7-12

(3) 注意查看执行分类汇总操作后的工作表，表中的数据分为技术部、生产部、质量部 3 类进行汇总，如图 4-7-12 所示。

4.8 用图表分析数据

通过在表格中创建图表，将数据以图形的形式表示可以使表格中各类数据之间的关系更加直观。用户可清楚地了解各个数据的具体情况，方便对数据进行分析。

4.8.1 创建图表

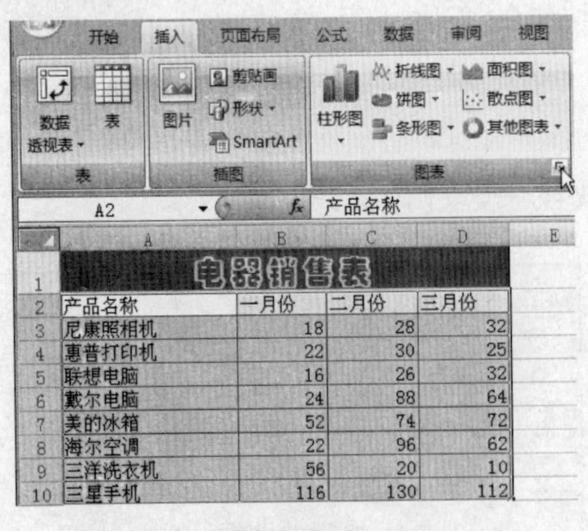

	A	B	C	D
1	电器销售表			
2	产品名称	一月份	二月份	三月份
3	尼康照相机	18	28	32
4	惠普打印机	22	30	25
5	联想电脑	16	26	32
6	戴尔电脑	24	88	64
7	美的冰箱	52	74	72
8	海尔空调	22	96	62
9	三洋洗衣机	56	20	10
10	三星手机	116	130	112

图 4-8-1

(1) 打开“电器销售表”工作簿，选择 A2:D10 单元格区域，选择“插入”选项卡，单击“图表”组中的“对话框启动器”按钮，如图 4-8-1 所示。

(2) 在打开的“插入图表”对话框中选择柱形图中的“簇状柱形图”，如图 4-8-2 所示。

(3) 单击“确定”按钮，注意观察原来用表格表示的数据可更直观地用图形来显示。

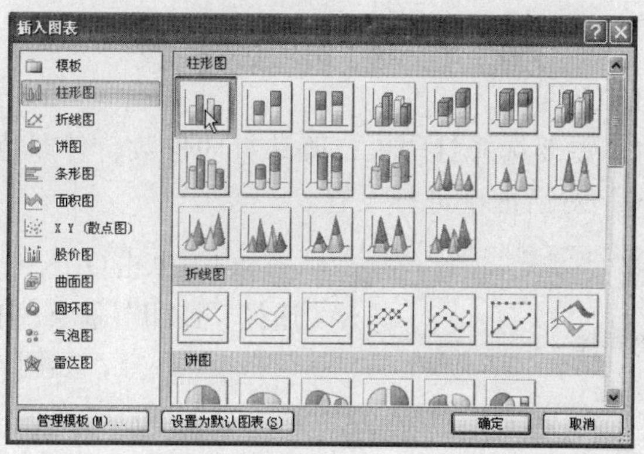

图 4−8−2

4.8.2　修改图表

在工作表中完成图表的创建后，将激活图表工具“设计”、“布局”和“格式”3 个选项卡，从而可以对创建的图表进行修改和调整，使其达到自己的要求。

（1）选择图表后，在选择“图表工具‘设计’”选项卡中单击“数据”组中的“选择数据”按钮，如图 4−8−3 所示。

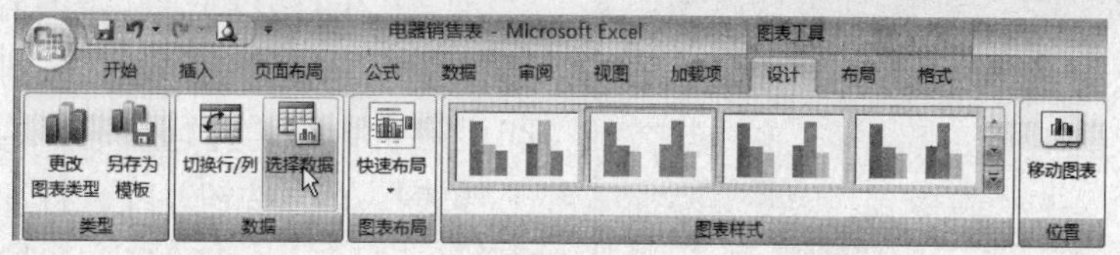

图 4−8−3

（2）用鼠标将光标移到图表右下角的控制点上，当其变成↘形状时按住鼠标左键向右下方进行拖动时可放大图表，当向左上方拖动时可缩小图表；在图表的空白区域单击鼠标选择图表，按住鼠标左键进行拖动，即可将图表进行移动。要注意观察改变图表大小和位置的效果。

（3）单击选中插入的图表后选择“布局”选项卡，单击“标签”组中的“图表标题”按钮，在弹出的菜单中选择“图表上方”命令，如图 4−8−4 所示。然后，选中提示文字“图表标题”，输入文字“电器销售表”替换提示文字。

（4）单击选择“一月份”图例后，选择“格式”选项卡，在“形状样式”组中选择“细微效果 − 强调颜色 5”，按照同样的方法将二月份、三月份分别设置为“细微效果 − 强调颜色 4”、“细微效果 − 强调颜色 3”，修改完成后的图表效果如图 4−8−5 所示。

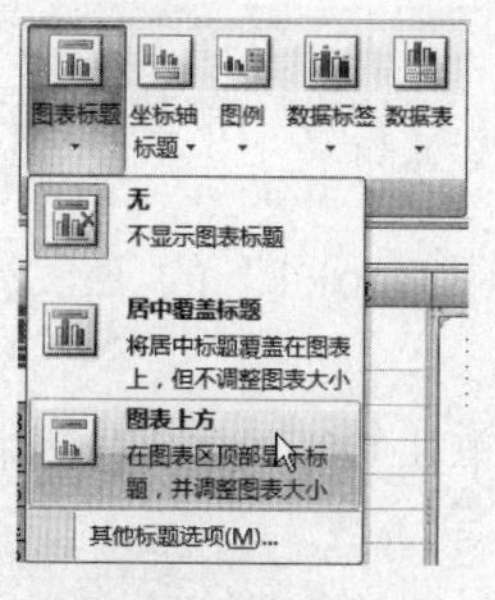

图 4−8−4

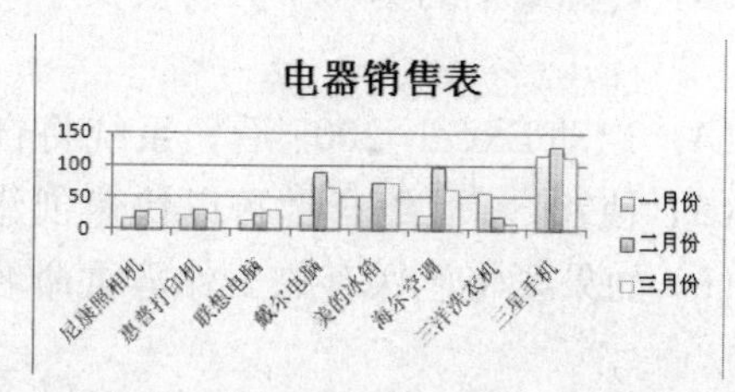

图 4−8−5

4.9 打印工作表

在打印工作表之前，需要选择打印机，确认打印份数、打印范围和打印内容等，这些都可以在“打印内容”对话框中进行设置。

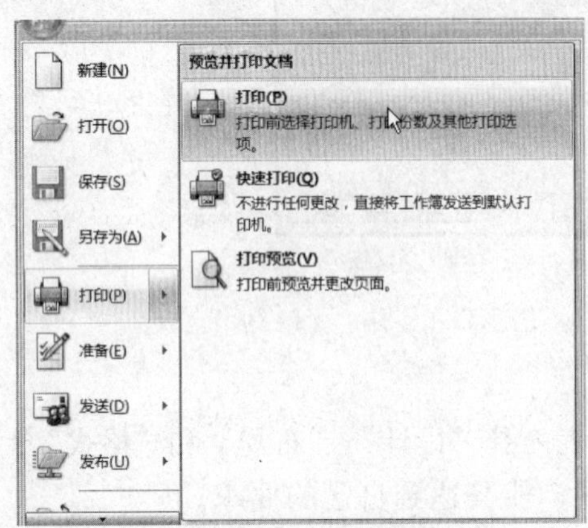

图 4-9-1

(1) 单击Office按钮，在弹出的菜单中选择“打印”命令，在弹出的子菜单中选择“打印”命令，如图 4-9-1 所示。

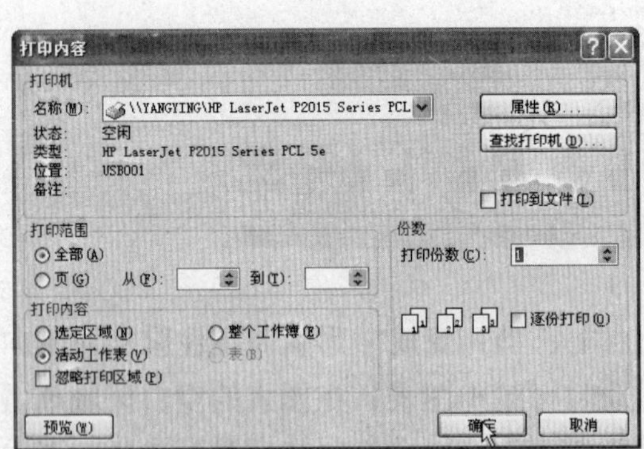

图 4-9-2

(2) 在打开的“打印内容”对话框“打印机”栏下的“名称”下拉列表框中选择打印机名称。在“打印内容”栏中选中“活动工作表”单选按钮，在“打印份数”数值框中输入“1”，单击“确定”按钮后便开始打印工作表，如图 4-9-2 所示。

4.10 习　题

1.填空

(1) Excel 2007是一款用于制作_____的应用软件。

(2) Excel 2007默认的文件后缀是_____。

(3) 名称框中的第一个大写英文字母表示单元格的_____，第二个数字表示单元格的_____。

(4) 启动Excel 2007后，系统将自动创建一个名为“Book1”的_____。

(5) 使用_____组合键可以快速创建新的空白工作簿。

(6) 如果要将已保存的工作簿重命名并保存，则可以单击Office按钮再选择_____命令。

(7) 在Excel 2007中，_____位于窗口的最上方，用于显示当前正在运行的程序名及

文件名等信息。

(8) 在Excel 2007中，_____位于窗口的最下方，用于显示当前工作区的状态。

(9) 在Excel 2007工作界面中新添加的元素_____将旧版本中的菜单栏与工具栏结合在了一起。

(10) 在Excel 2007中_____是存储数据的最小单元，也是组成Excel的基本单位。

(11) 新建的工作簿默认情况下包括三张_____。

(12) 在Excel 2007中新建的工作表将以“_____+_____”的方式来命名。

(13) 打开工作簿后用鼠标单击要编辑的_____即可选中工作表。

(14) 先单击要选择的第一张工作表标签，按住_____键，单击最后一张工作表的标签即可选择连续的多张工作表。

(15) 先单击要选择的第一张工作表标签，按住_____键，再单击还要选择的其他工作表的标签即可选择多张不连续的工作表。

(16) 单击工作表左上角行标记和列标记的交叉处的全选按钮即可选择工作表中的全部_____。

(17) 单击工作表中的列标可以选定_____单元格。

(18) 在Excel 2007中，若要将光标向右移到下一个单元格中，可按_____键。

(19) 在Excel 2007中，若要将光标向下移到下一个单元格中，可按_____键。

(20) 在Excel 2007中，单击“编辑”组中的“清除”按钮，在弹出的菜单中选择“清除格式”将只删除_____，保留_____。

(21) 单击Office按钮，在弹出的菜单中选择“关闭”按钮，可以关闭_____，但并不退出Excel 2007。

(22) _____用来显示单元格中输入或编辑的内容，也可以直接输入和编辑。

(23) 在Excel 2007在可以通过_____快捷键来输入当天日期。

(24) 在Excel 2007中，“复制”操作与“剪切”操作的区别是，执行“粘贴”操作后，前者会_____原位置上的数据，而后者会_____原位置上的数据。

(25) 如果在多个单元格中输入相同的数据，只需选中单元格，在其中一个输入数据，然后按“_____+回车”组合键即可。

(26) 处于_____状态的工作表，在屏幕上无法显示出来，但其仍处于打开状态。

(27) 默认情况下，Excel 2007单元格中的文本_____对齐，数字_____对齐。

(28) 如果在Excel的C列和D列之间插入2个空白列，首先要选取的是_____列。

(29) 在工作表中插入行后，则原位置的行会向_____移动；若插入列后则会向_____移动。

(30) Excel工作表中默认的“字号”为_____，“字体”为_____。

(31) 在Excel中除了能够自动调整单元格大小外，还可以_____调整单元格的大小。

(32) 应用_____格式可以使单元格中满足设定条件的数据显示出来。

(33) 在Excel 2007中，公式通常是以_____开头，对工作表中的数值进行分析并执行计算的等式。

(34) _____是Excel 2007预先定义好的公式，一般用于执行复杂的计算。

(35) ______函数在Excel中通常用来计算单元格区域中的数值之和。

(36) 筛选有______和______两种方式。

(37) ______是指将表格中同一类别的数据放在一起进行统计。

(38) 在进行分类汇总之前，必须对数据清单进行______。

(39) 在表格中创建______，可以使表格中的各类数据之间的关系更加直观。

(40) 在Excel 2007中，使用______可以查看工作表打印后的效果。

2.单项选择题

(1) 在Excel 2007中，工作簿名称放置在工作窗口（ ）。

A.顶端偏左　　B.顶端偏右

C.顶端居中　　D.底端居中

(2) 单击Excel 2007（ ）中的按钮可以快速执行一些常用操作。

A.快速访问工具栏　　B.编辑栏

C.工作区　　D.状态栏

(3) 名称框中的第一个大写英文字母表示（ ）。

A.单元格的地址　　B.单元格的列标

C.单元格的行号　　D.单元格的内容

(4) Excel 2007工作簿使用的默认扩展名是（ ）。

A.xls　　B.xlsx

C.dot　　D.docx

(5) 在Exlce 2007当中显示正在运行的工作簿名称和程序名称等信息的是（ ）。

A.编辑栏　　B.标题栏

C.工具栏　　D.状态栏

(6) 在下面所列的视图按钮中不属于Excel 2007的是（ ）。

A.　　B.

C.　　D.

(7) 如果要将已经保存过的工作簿重新命名并保存，执行的命令是（ ）。

A.单击Office按钮选“保存”命令　　B.单击Office按钮选“另存为”命令

C.大快速工具栏中选“保存”按钮　　D.使用Ctrl+S快捷键

(8) 创建新的空工作簿的快捷键是（ ）。

A.Ctrl+S　　B.Ctrl+O

C.Ctrl+E　　D.Ctrl+N

(9) 选择多个不相邻的单元格，可单击并拖动鼠标选定第一个单元格区域，然后按住（ ）键，再用鼠标选定其他单元格区域。。

A.Ctrl　　B.Alt

C.Tab　　D.Shift

(10) 以下哪种方法不可以退出Excel（ ）。

A.单击标题栏右侧的“关闭”按钮　　B.单击Office按钮选“退出Excel”

C.单击Office按钮选“关闭”命令　　D.按“Alt+F4”组合键

(11) 选择连续的多张工作表需要按住（ ）键。

A.Ctrl　　B.Alt

C.Tab　　D.Shift

(12) 在Exlce 2007单元格中输入文本系统默认的对齐方式是（ ）。

A.文本左对齐　　B.居中

C.文本右对齐　　D.两端对齐

(13) 下面哪种方法不可以删除选中单元格中的数据（ ）。

A.直接按Del键

B.单击“清除”按钮在弹出的菜单中选择“全部清除”

C.通过Ctrl+X快捷键

D.单击“清除”按钮在弹出的菜单中选择“清除格式”

(14) 在同一工作簿中复制工作表需要按住（ ）键的同时拖动工作表，并在目的地释放鼠标。

A.Ctrl+Shift　　B.Alt

C.Ctrl　　D.Shift

(15) 在同一行或列中自动填充数据时，只需选中需要填充的数据所在单元格，然后用鼠标拖动（ ）即可快速地填充数据。

A.单元格的下边框　　B.控制柄

C.单元格的对角　　D.单元格的右边框

(16) 在Exlce 2007默认的工作簿名称是（ ）。

A.Excel1　　B.Sheet1

C.Book1　　D.Document1

(17) 在Exlce 2007中，下面所列选项不可以隐藏的是（ ）。

A.工作表　　B.工作簿

C.工作表标签　　D.工作表的行或列

(18) 在Exlce 2007中像Sheet1、Sheet2……表示的是（ ）。

A.工作簿名称　　B.工作表名称

C.单元格名称　　D.Excel文件名

(19) 在Excel中选择A1单元格，然后输入数据￥12345，按回车键后，在A1单元格中显示的结果是（ ）。

A.￥12，345　　B.￥12345

C.12345　　D.12，345

(20) 在Excel中存储数据的最小单位是（ ）。

A.工作簿　　B.工作表

C.单元格　　D.单元格区域

(21) 在输入公式时，必须以（ ）作为开始符号。

A.等号　　B.函数

C.运算符号　　D.数字键

(22) 在下面所列的运算符中，运算级别最高的是（ ）。

A.∧　　B.%

C.*和/　　D.+和-

(23) 在Excel中计算单元格区域中数值和的函数是（ ）。

A.AVERAGE　　B.MAX

C.SUM　　D.COUNT

(24) 在Excel的A1单元格中有数值34，A2单元格的有数值27，则在A3单元格中有公式（ ）时，其值为TRUE。

A.=A1>A2　　B.=A1<A2

C.A1>=A2　　D.A1<=A2

(25) 在Excel中，提供了（ ）种筛选数据清单的方法。

A.1　　B.2

C.3　　D.4

(26) 在进行分类汇总前，数据清单的第一行里必须含有（ ）。

A.列标　　B.标题

C.记录　　D.空格

(27) 改变Excel图表的大小可以通过拖动图表（ ）来完成。

A.边框　　B.控制点

C.上部　　D.中间

(28) Excel工作表中默认的“字号”为（ ）。

A.五号　　B.5

C.11　　D.十一号

(29) 在Excel的工作簿中，既有工作表又有图表，当执行“Ctrl+S”命令时将（ ）。

A.工作表和图表作为一个文件保存　　B.工作表和图表分为二个文件保存

C.只保存工作表　　D.只保存图表

(30) 在Excel的（ ）视图模式下无法查看页眉与页脚的效果。

A.页面布局　　B.分页预览

C.普通　　D.大纲

3.多项选择题

(1) Excel 2007的数据编辑栏包括（ ）。

A.名称框　　B.工作表标签

C.显示模式　　D.工具框

E.常用工具　　F.编辑框

(2) Excel 2007的工作界面主要包括（ ）。

A.Office按钮　　B.快速访问工具栏和标题栏

C.功能选项卡和功能区　　D.编辑栏

E.列标和行号　　　　　　　　F.工作表格区

(3) 下面关于单元格叙述正确的是（ ）。

A.单元格是Excel中存储数据最小的单位

B.每个单元格的位置都由行号和列标来确定

C.单元格的名称决定工作表的名称

D.单元格是组成表格的最基本元素

(4) Excel 2007支持的视图模式分别是（ ）。

A.普通视图　　　　　　　　B.阅读版式视图

C.大纲视图　　　　　　　　D.页面布局视图

E.分页预览视图　　　　　　F.Web版式视图

(5) 下面叙述中能够正确保存工作簿的方法有（ ）。

A.在快速访问工具栏中单击"保存"按钮

B.按"Ctrl+S"组合键

C.单击Office按钮，从弹出的下拉菜单中选择"保存"命令

D.按"Ctrl+N"组合键

(6) 下面叙述中正确的有（ ）。

A.工作表是处理数据的主要场所，由多个单元格组成

B.新建的工作簿默认的情况下包括3张工作表

C.每张工作表都有自己的名称且由系统默认用户不可更改

D.选择多张工作表时只能选择连续的

E.如果工作簿中有多余的工作表可以将其删除

F.工作表可以在同一工作簿中复制和移动，但不可以在不同工作簿中复制和移动

(7) 在Excel的单元格中输入完数据后，（ ）即可结束。

A.按Enter键　　　　　　　　B.按Ctrl键

C.用鼠标单元编辑栏左边的"✓"按钮　　D.单击工作表的任意单元格

E.按Alt键　　　　　　　　　F.按Tab键

(8) 在Excel 2007中默认的对齐方式有（ ）。

A.文本居中对齐　　　　　　B.文本靠左对齐

C.数字靠右对齐　　　　　　D.数字靠左对齐

E.逻辑值和错误值两端对齐　　F.逻辑值和错误值居中对齐

(9) 在Excel 2007中具有按（ ）序列方式对数据进行填充的功能。

A.等差　　　　　　　　　　B.等比

C.自定义　　　　　　　　　D.日期

(10) 在Excel 2007对数字可以设置的类型格式包括（ ）等。

A.数值　　　　　　　　　　B.货币

C.日期　　　　　　　　　　D.百分比

E.分数　　　　　　　　　　F.文本

(11) 在Excel 2007中包含的运算符有（ ）。

A.算术运算符　　B.逻辑运算符
C.比较运算符　　D.文本连接运算符
E.引用运算符　　F.字符串运算符

(12) 在Excel 2007中对公式的基本操作包括（ ）等。

A.输入公式　　B.修改公式
C.显示公式　　D.复制公式
E.删除公式　　F.引用公式

(13) 在对函数的输入格式中主要包括（ ）。

A.冒号　　B.引号
C.等号　　D.函数名称
E.参数　　F.工作表名称

(14) Excel提供的函数包括（ ）函数等。

A.财务　　B.日期和时间
C.数据库　　D.数学与三角
E.统计　　F.工程

(15) 在Excel 2007中要选定A3:D6单元格区域，可以先选择A3单元格，然后（ ）。

A.按住鼠标左键拖动到D6单元格　　B.按住鼠标右键拖动到D6单元格
C.按住Ctrl键同时单击D6单元格　　D.按住Shift键同时单击D6单元格

(16) 对Excel表格中的数据可以按（ ）进行快速排序。

A.升序　　B.单个字段
C.多个关键字　　D.降序

(17) 利用“编辑”组中的“清除”按钮，则可以选择的命令有（ ）。

A.全部清除　　B.清除公式
C.清除内容　　D.清除格式
E.清除符号　　F.清除批注

(18) 在Excel 2007中可插入的图表包含（ ）等。

A.柱形图　　B.折线图
C.饼图　　D.条形图
E.面积图　　F.散点图

(19) 在Excel 2007中提供的页边距预设方案有（ ）。

A.普通　　B.宽
C.高　　D.窄

(20) 在下面的操作中可以打开打印预览窗口的有（ ）。

A.单击Office按钮，从弹出的下拉菜单中选择“打印”→“打印预览”命令
B.使用“Ctrl+P”组合键盘
C.在“页面设置”对话框中单击“打印预览”按钮
D.在“打印内容”对话框中单击“预览”按钮

4.判断题

（1）Excel 2007是一款用于制作电子表格的应用软件。（ ）

（2）数据编辑栏由“名称框”、“工具框”和“编辑框”三部分组成。（ ）

（3）名称框中的第一个大写英文字母表示单元格的行号，第二个数字表示单元格的列标。（ ）

（4）单元格是Excel中存储数据最小的单位，它的位置都由行号和列标来确定。（ ）

（5）通常所说的Excel文件就是工作簿，启动Excel 2007后，系统将自动创建一个名为“Sheet1”的工作簿。（ ）

（6）Excel的每张工作表都有系统默认的名称，用户是不可以改变的。（ ）

（7）选择连续的多张工作表时，需要按住Ctrl键。（ ）

（8）一个工作簿默认生成3张工作表，在实际工作中用户可插入更多的工作表。（ ）

（9）如果工作簿中有多余的工作表，用户可以将其删除，而其左侧的工作表则变为当前工作表。（ ）

（10）工作表既可在同一工作簿也可在不同的工作簿中进行复制和移动操作。（ ）

（11）删除工作表的行（或列）时，后面的行（或列）可向上（或向左）移动。（ ）

（12）用Delete删除单元格的内容时，只是删除单元格中输入的数据，而单元格的格式等属性仍将保留。（ ）

（13）Excel 2007中一次可打开多个工作簿，但其主窗口只能显示一个工作簿。（ ）

（14）Excel在默认情况下表格边框是不能打印出来的。（ ）

（15）在工作表中可以插入整行或整列单元格，但不可以插入单个单元格。（ ）

（16）删除单元格中的公式一定会将计算出的结果一并删除。（ ）

（17）利用F4键可以进行相对引用和绝对引用及混合引用的相互切换。（ ）

（18）通过Excel 2007的筛选功能可以只显示符合条件的数据记录。（ ）

（19）应用Excel的分类汇总前，必须对数据进行排序操作。（ ）

（20）在Excel中可以为图表加上标题。（ ）

（21）Excel 2007默认的文件后缀是“xls”。（ ）

（22）当工作表取消“隐藏”属性后，会丢失其原有的数据。（ ）

（23）在Excel中图表的类型和大小都是可以改变的。（ ）

（24）在“打印内容”对话框中可以设置打印的页眉和页脚。（ ）

（25）在模板中可包含格式、样式、标准的文本和公式等。（ ）

读书笔记

第5章　演示文稿软件PowerPoint 2007

本章学习目标：

(1) PowerPoint 2007的启动与退出。

(2) 演示文稿的基本制作。

(3) 幻灯片的基本制作。

(4) PowerPoint的动画效果。

(5) 幻灯片的放映。

5.1　PowerPoint 2007的启动与退出

5.1.1　PowerPoint 2007的启动

● 如果桌面上有PowerPoint 2007的快捷图标，只需直接双击，即可启动。

● 单击“开始”按钮，从打开的“开始”菜单中选择“所有程序”→“Microsoft Office”→“Microsoft Office PowerPoint 2007”菜单项，即可启动PowerPoint 2007。

● 双击PowerPoint格式文件，也可启动PowerPoint 2007。

第一次启动PowerPoint 2007后，注意观察其桌面组成，如图5-1-1所示。

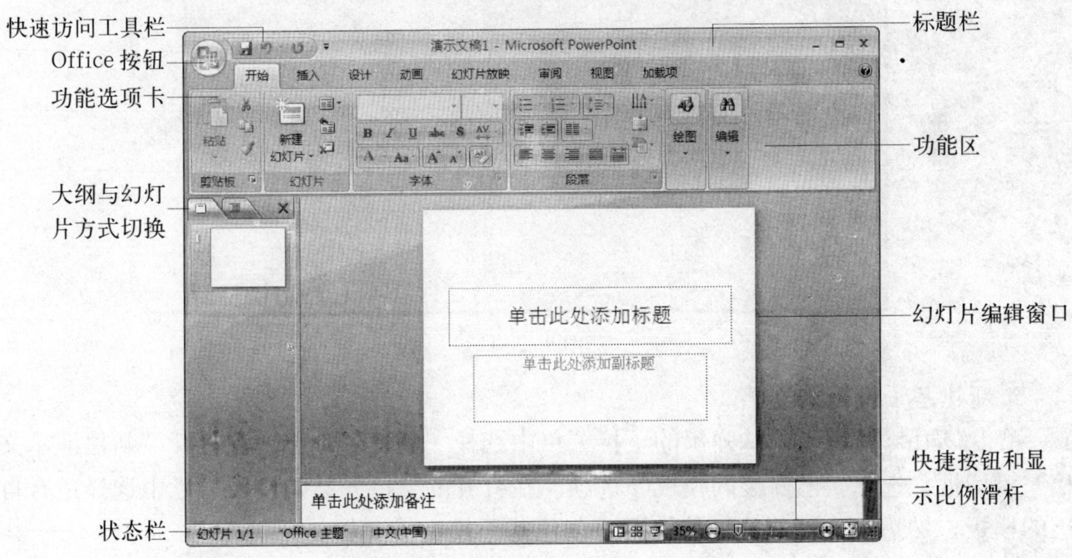

图5-1-1

PowerPoint 2007的工作界面主要由Office按钮，快速访问工具栏、标题栏、功能选项卡、功能区、幻灯片编辑窗口、大纲与幻灯片方式切换、状态栏、快捷按钮和显示比例滑杆等组成。

5.1.2 PowerPoint 2007的退出

● 用鼠标单击PowerPoint演示文稿右侧的“关闭”按钮。

● 在打开的PowerPoint演示文稿中单击Office按钮，从弹出的下拉菜单中单击“退出PowerPoint”按钮。

● 在要关闭的PowerPoint演示文稿中，按“Alt+F4”组合键。

在打开多个演示文稿时，要注意观察这三种关闭的结果。

5.2 演示文稿的基本操作

5.2.1 新建演示文稿

1.新建空白演示文稿

运行PowerPoint 2007，会自动创建一个新的空白演示文稿。

使用“Ctrl+N”组合键，可以快速创建新的空白演示文稿，操作步骤如下：

(1) 单击Office按钮，在弹出的下拉菜单中选择“新建”命令。在打开的“新建演示文稿”对话框中选择“空白演示文稿”选项。

(2) 单击“创建”按钮，如图5-2-1所示，即可创建空白演示文稿。

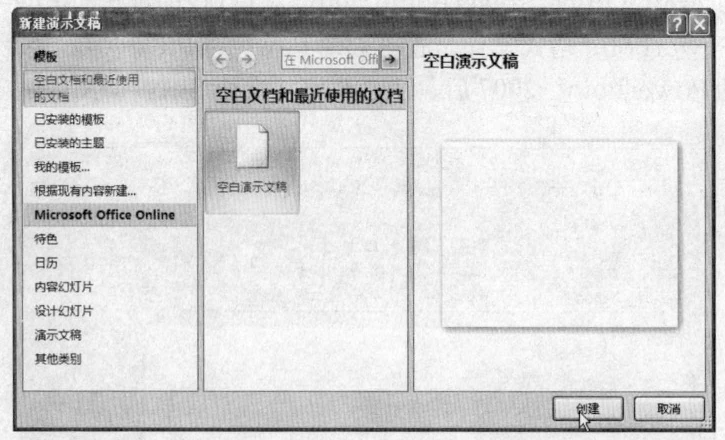

图5-2-1

2.新建基于模板的文档

单击Office按钮，从弹出的下拉菜单中选择“新建”命令。在打开“新建演示文稿”对话框，选择“已安装的模板”选项。在打开的“已安装的模板”栏中选择适合自己的模板，然后单击“创建”按钮即可创建基于模板的文档。

5.2.2 保存演示文稿

保存演示文稿的操作可以参照保存Word文档的操作方法。

5.3　幻灯片的基本操作

用PowerPoint制作出来的整个文件称为演示文稿，而演示文稿中的每一页叫做幻灯片。制作演示文稿实际上就是对多张幻灯片进行编辑后再将它们组织起来进行演示。而对幻灯片的操作主要包括添加新幻灯片、选择幻灯片、移动和复制幻灯片、删除幻灯片的操作。

5.3.1　添加新幻灯片

- 按“Ctrl+M”组合键，将在当前幻灯片后面插入一张新幻灯片。
- 在普通视图的“幻灯片”任务窗格中按Enter键，或在“大纲／幻灯片”任务窗格中单击鼠标右键，在弹出的快捷菜单中选择“新建幻灯片”命令，都可在当前幻灯片后面添加一张新幻灯片。
- 打开演示文稿后，在默认的“开始”选项卡的“幻灯片”组中单击“新建幻灯片”按钮，如图5-3-1所示。要注意观察新添加的幻灯片的位置、以及模板与样式。

图5-3-1

5.3.2　选择幻灯片

1.选择单张幻灯片

无论是在普通视图或幻灯片浏览视图中，只需单击需要选择的幻灯片，即可选中该张幻灯片。

2.选择编号相连的幻灯片

首先单击起始编号的幻灯片，按住Shift键，再单击结束编号的幻灯片，则这两张幻灯片及其之间的多张幻灯片都被选中。

3.选择编号不相连的幻灯片

首先按住Ctrl键，然后依次单击要选择的幻灯片，即可选中编号不相连的多张幻灯片。

5.3.3　移动和复制幻灯片

在普通视图的“大纲”任务窗格中，选择要移动的幻灯片的图标，按住鼠标左键将其拖动到目标位置后释放鼠标左键，便可移动该幻灯片。在拖动时按住Ctrl键则可复制该幻灯片。

在普通视图的“大纲”任务窗格中，选择要移动的幻灯片的图标，单击鼠标右键，在弹出的快捷菜单中选择“剪切”或“复制”命令，然后将鼠标光标定位到目标位置，单击鼠标右键，在弹出的快捷菜单中选择“粘贴”命令；同样可用快捷键“Ctrl+C”、“Ctrl+V”来实现。

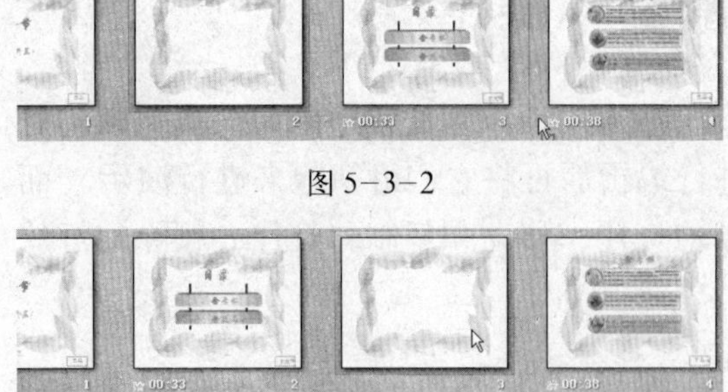

图 5-3-2

图 5-3-3

打开演示文稿并切换至幻灯片浏览视图后，选择第2张幻灯片，按住鼠标左键将其拖动至第4张幻灯片前面，此时将出现一条代表移动后位置的直线，如图 5-3-2 所示。释放鼠标左键后，效果如图 5-3-3 所示。要注意观察原来位于第2张的幻灯片已经移动到第 3 张的位置。

5.3.4 删除幻灯片

1.利用命令按钮删除幻灯片

（1）打开演示文稿并切换至幻灯片浏览视图后选择第 3 张幻灯片。

图 5-3-4

（2）在“开始”选项卡“幻灯片”组中单击“删除幻灯片”按钮，如图 5-3-4 所示。

（3）第 3 张幻灯片被删除了，注意观察最后的结果。

2.也可以在选中要删除的幻灯片后直接按 Detete 键。

5.3.5 设置幻灯片背景

（1）新建一个空白演示文稿后，选择“设计”选项卡，在“背景”组中单击“背景样式”按钮，在弹出的下拉列表中选择“设置背景格式”选项，如图 5-3-5 所示。

（2）在打开的“设置背景格式”对话框中，选中“图片或纹理填充”单选按钮，在“插入自”选项组下方单击“文件”按钮，如图 5-3-6 所示。

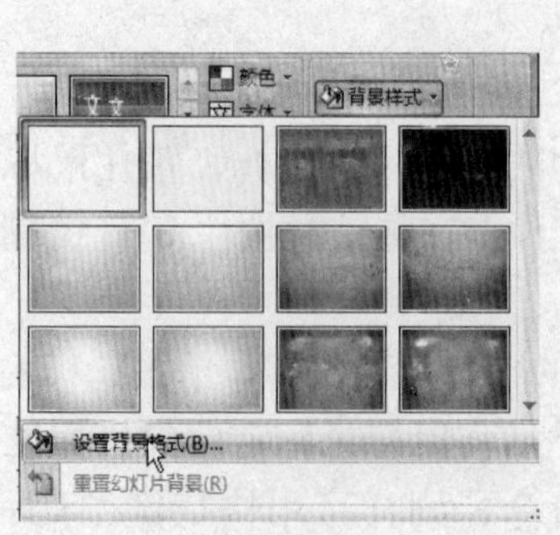

图 5-3-5

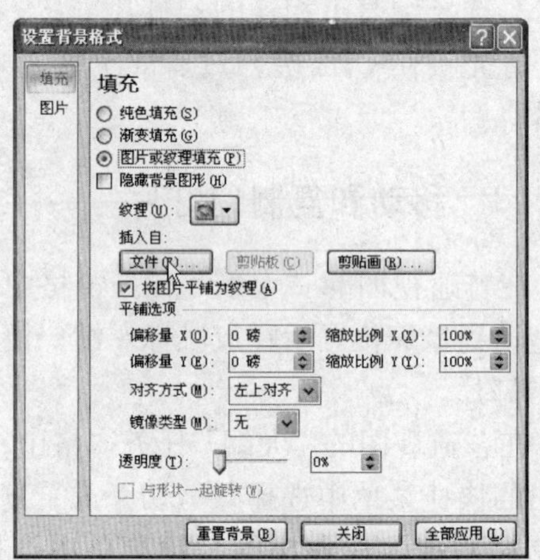

图 5-3-6

(3) 在打开的“插入图片”对话框的“查找范围”下拉列表框中，选择图片路径，在中间的列表框中选择要插入的图片，单击“插入”按钮，如图 5-3-7 所示。

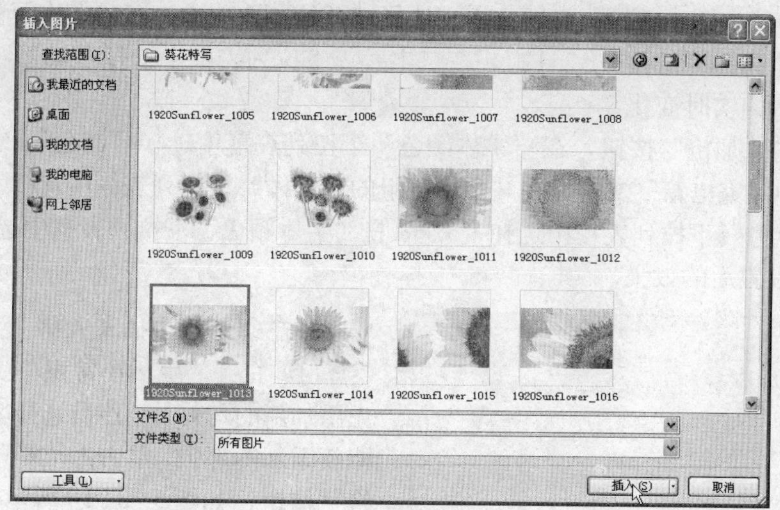

图 5-3-7

(4) 在插入图片后，幻灯片编辑区中就能看到其效果，如不满意可单击“设置背景格式”对话框中的“图片”按钮，单击“重新着色”按钮，在弹出的下拉列表的“浅色变体”栏中选择倒数第 3 个选项，如图 5-3-8 所示。要同时注意观察幻灯片编辑区中的效果。如不满意，可单击“不重新着色”将返回到刚插入图片的状态，再重新着色，直到满意为止，然后单击“关闭”按钮。

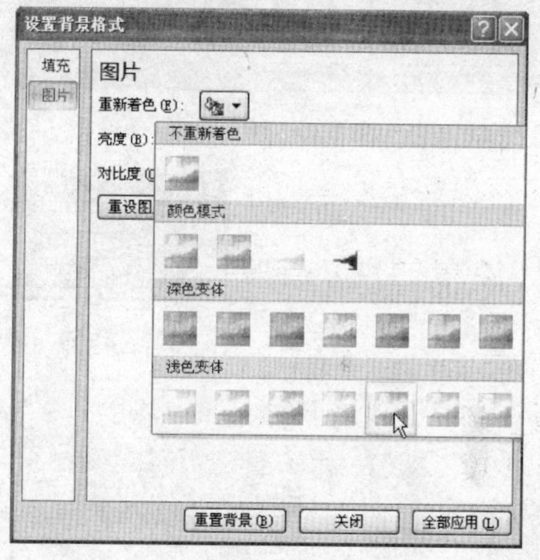

图 5-3-8

5.3.6　编辑幻灯片

1. 在幻灯片中输入文本

(1) 打开“生活小常识”演示文稿后，将文本插入点定位到“单击此处添加标题”占位符中，并输入“生活小常识”文本，如图 5-3-9 所示。

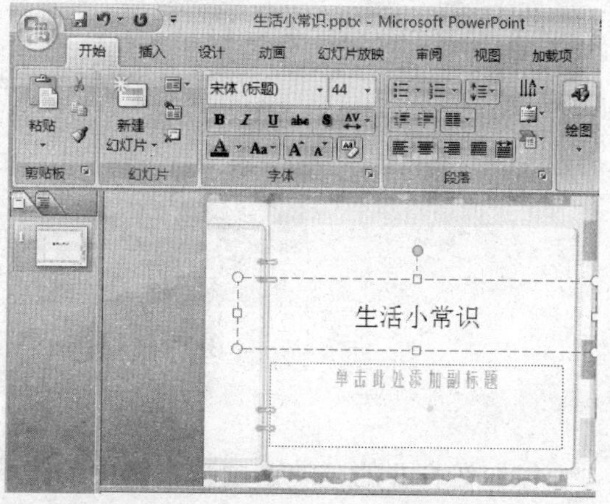

图 5-3-9

(2) 将文本插入点定位到“单击此处添加副标题”占位符中，并输入“家电篇”文本。

(3) 选中“生活小常识”标题文本，选择“开始”选项卡，在“字体”栏的“字体”下拉列表框中选择“楷体 GB2312”，在“字号”下拉列表框中选择“48”，要注意观察显示稿中文本的实时变化。

(4) 单击“加粗”按钮，在“字体颜色”下拉列表框中选择“红色”。

(5) 选中“家电篇”文本，在“字体”组的“字体”下拉列表框中选择“方正姚体”选项，在“字号”下拉列表框中选择“32”，在“字体颜色”下拉列表框中选择“浅蓝”。要注意文本设置后的效果。

2.在幻灯片中插入表格

(1) 打开“生活小常识”演示文稿，首先添加新的幻灯片，然后选择第2张幻灯片即新添加的那张，单击占位符中的“插入表格”按钮，如图 5-3-10 所示。

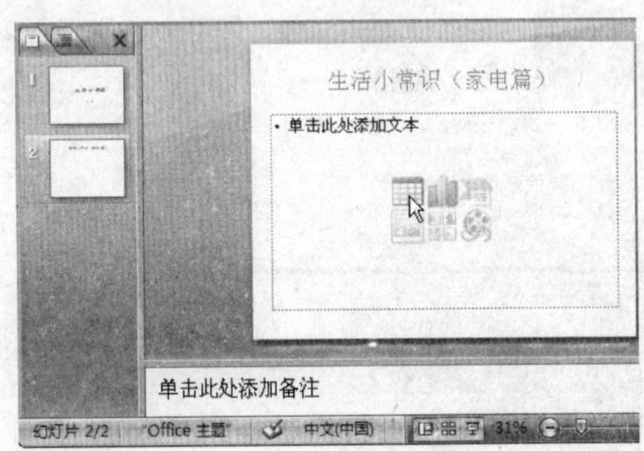

图 5-3-10

(2) 打开“插入表格”对话框，在其中的“行数”和“列数”文本框中分别输入所需表格的行数和列数，然后单击“确定”按钮，如图 5-3-11 所示。此时，注意观察幻灯片的变化。

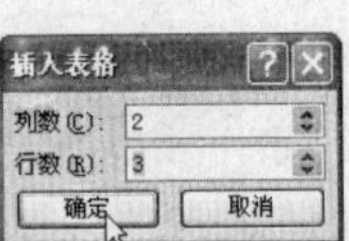

图 5-3-11

(3) 在插入的表格中输入如图 5-3-12 所示的内容。注意最后的效果。

图 5-3-12

3.在幻灯片中插入图片

(1) 打开演示文稿，添加新的幻灯片，参照图 5-3-14 输入文本。选择第3张幻灯片。然后选择“插入”选项卡，在“插入”组中单击“剪贴画”按钮，如图 5-3-13 所示。

图 5-3-13

(2) 在打开的“剪贴画”窗格中的搜索文字“文本框”中输入搜索的关键字，然后单击选中要插入的剪贴画，如图 5-3-14 所示。在幻灯片中再将其移到合适的位置，要

注意观察其效果。

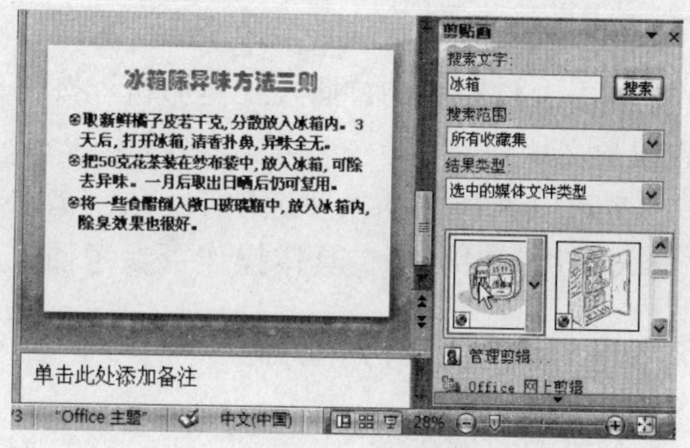

图 5-3-14

4.在幻灯片中插入音频文件

(1) 打开演示文稿后，单击幻灯片，选择“插入”选项卡，在“媒体剪辑”组中单击“声音”按钮，如图 5-3-15 所示。

图 5-3-15

(2) 打开“插入声音”对话框，在“查找范围”下拉列表框中选择声音文件路径，在中间的列表框中选择要插入的音乐文件，单击“确定”按钮，如图 5-3-16 所示。

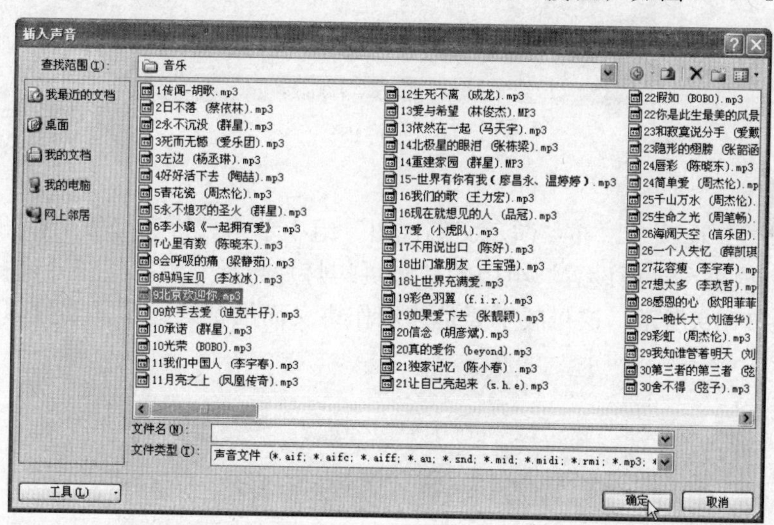

图 5-3-16

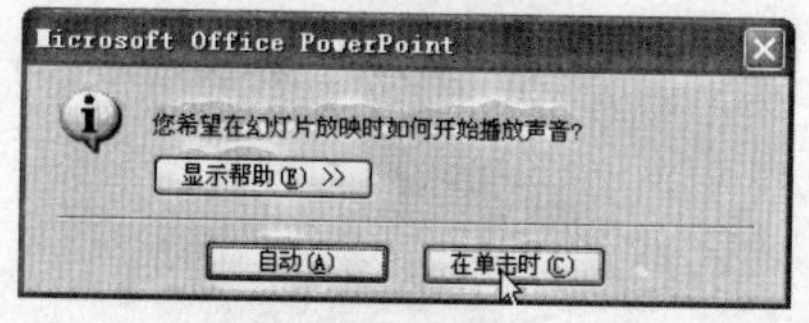

图 5-3-17

(3) 打开“您希望在幻灯片放映时如何开始播放声音？”提示对话框，在其中单击“在单击时”按钮，如图 5-3-17 所示。

(4) 然后返回到幻灯片调整声音图标的大小、位置。在普通视图中直接双击插入的音频文件图标，可以预览其播放时的效果。

5.在幻灯片中插入视频文件

单击占位符中的“插入媒体剪辑”按钮，可打开“插入影片”对话框，选择要插入的视频文件。

也可以选择“插入”选项卡，在“媒体剪辑”组中单击“影片”按钮，同样可打开“插入影片”对话框，具体操作可参考插入音频文件的操作步骤。

5.3.7 设置幻灯片母版

1.查看母版类型

打开“生活小常识”演示文稿，选择“视图”选项卡，在“演示文稿视图”组中单击“幻灯片母版”按钮，打开幻灯片母版视图，如图5-3-18所示。注意观察用户可以输入的区域以及在“幻灯片母版”选项卡下各编辑组中的命令。

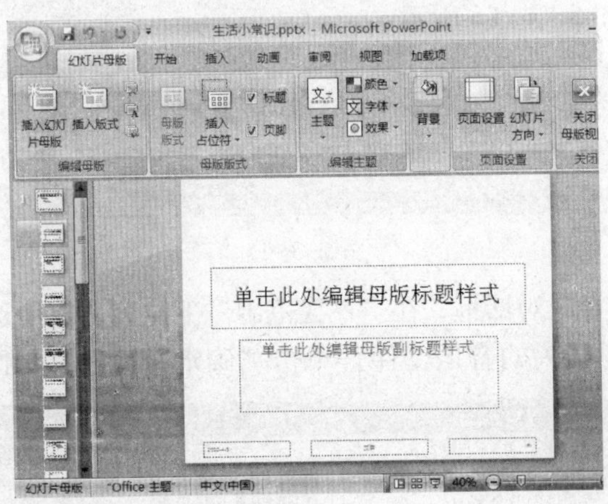

图5-3-18

2.讲义母版

选择“视图”选项卡，在“演示文稿视图”组中单击“讲义母版”按钮就可进入讲义母版视图。单击“页面设置”组中的“每页幻灯片数量”下拉按钮并选择“3张幻灯片”，如图5-3-19所示。该母版主要是为制作讲义而准备的，常需要打印输出。

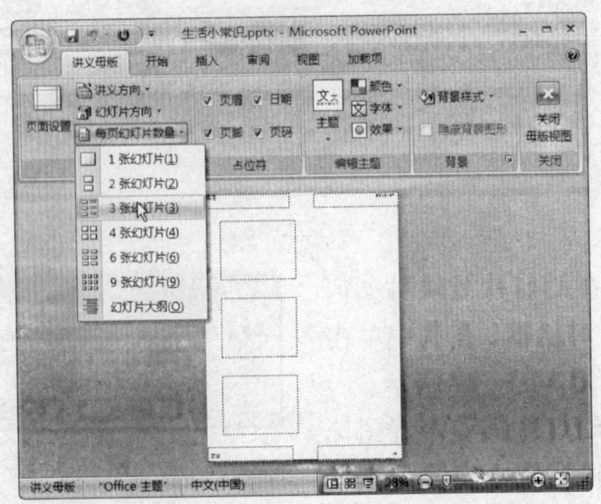

图5-3-19

注意

用户在“讲义母版”中是看不到显示的效果的。对此，可单击Office按钮，选择“打印”→“打印预览”命令，如图5-3-20所示。

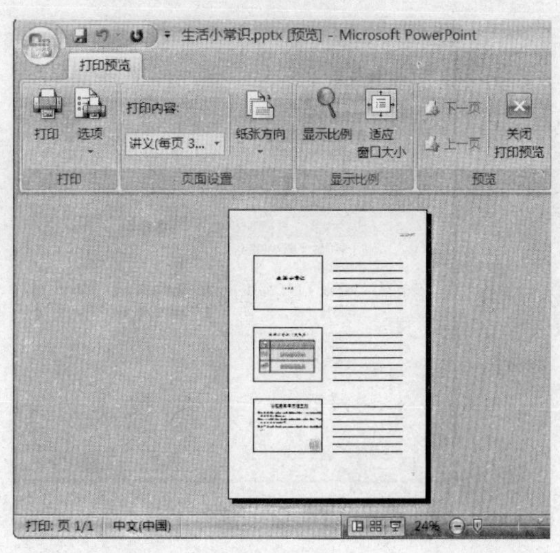

图 5-3-20

3.备注母版

选择“视图”选项卡，在“演示文稿视图”组中单击“备注母版”按钮就可进入备注母版视图，如图 5-3-21 所示。备注母版主要设置幻灯片的备注格式，也是用来打印输出的。

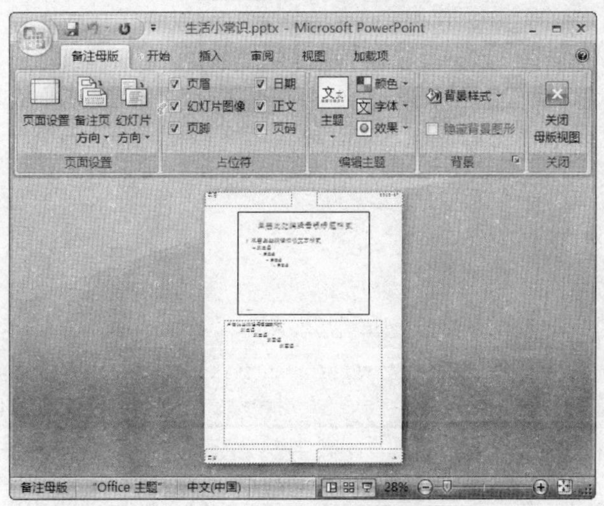

图 5-3-21

注意观察三种母版的异同，及其在实际使用中的效果。

4.设计母版

(1) 新建空白演示文稿后，选择“视图”选项卡，在“演示文稿视图”组中单击“幻灯片母版”按钮，如图 5-3-22 所示。

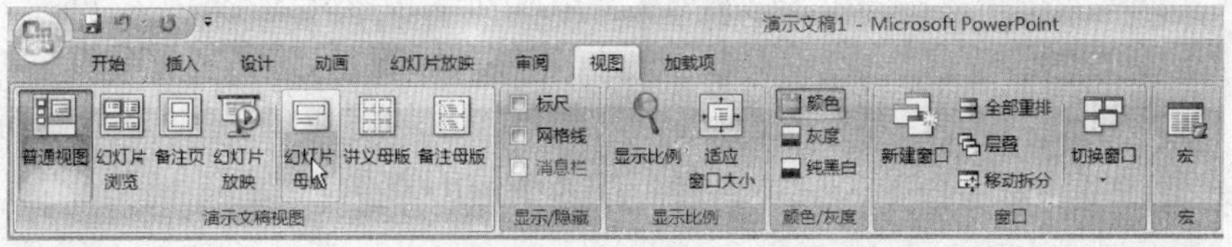

图 5-3-22

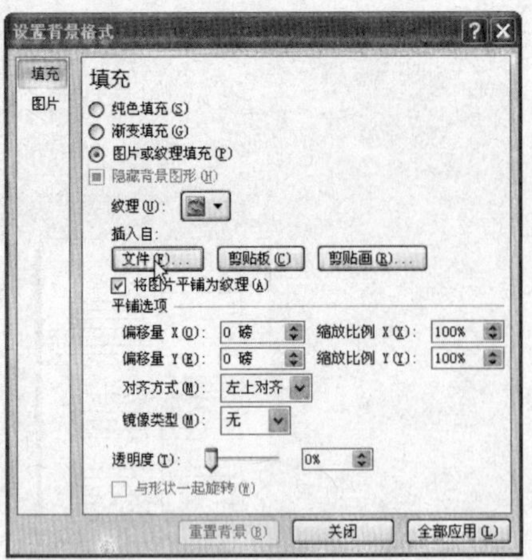

图 5-3-23

(2) 选择第一张母版幻灯片，在“背景”组中单击“对话框启动器”按钮，在打开的“设置背景格式”对话框中，选中“图片或纹理填充”单选按钮，在“插入自”选项中单击“文件”按钮，如图 5-3-23 所示。

(3) 在打开的“插入图片”对话框的“查找范围”下拉列表框中，选择图片路径，在中间的列表框中选择插入的图片，单击“插入”按钮后，再单击“关闭”按钮，如图 5-3-24 所示。

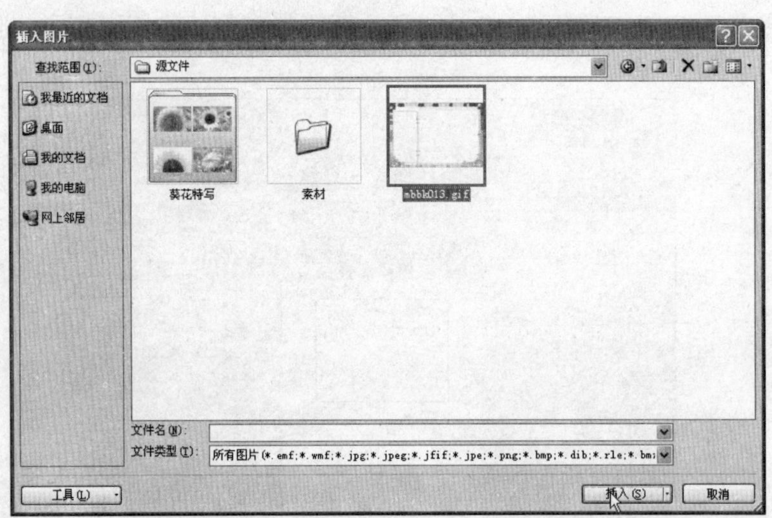

图 5-3-24

图 5-3-25

(4) 选中“单击此处编辑母版标题样式”文本，选择“开始”选项卡，在“字体”组中将“字体”设为“黑体”，“字号”设为“48”，在“字体颜色”下拉列表框中选择“红色”选项，如图 5-3-25 所示。同样将“单击此处编辑母版文本样式”的“字体”设为“宋体（标题）”，“字号”设为“36”，“字体颜色”设为“浅绿”。注意观察窗口中设置文本后的效果。

（5）选择“插入”选项卡，在“插图”组中单击“剪贴画”按钮，在打开的“剪贴画”任务窗格的“搜索文字”文本框中输入“饰品”文本，单击“搜索”按钮，在显示搜索结果的列表框中，单击如图5－3－26所示的剪贴画，插入到母版幻灯片中。再将其移动到图中的合适位置，要注意适时查看效果。

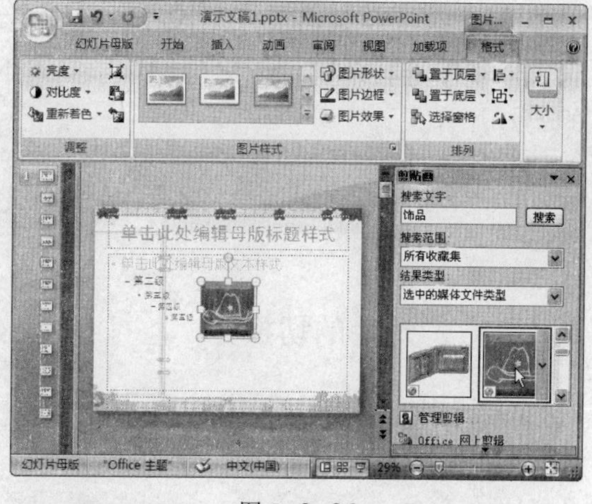

图5－3－26

（6）单击“插图”组中的“形状”按钮，在弹出的下拉列表框的选择“星与旗帜”栏中的“横卷形”选项，如图5－3－27所示。

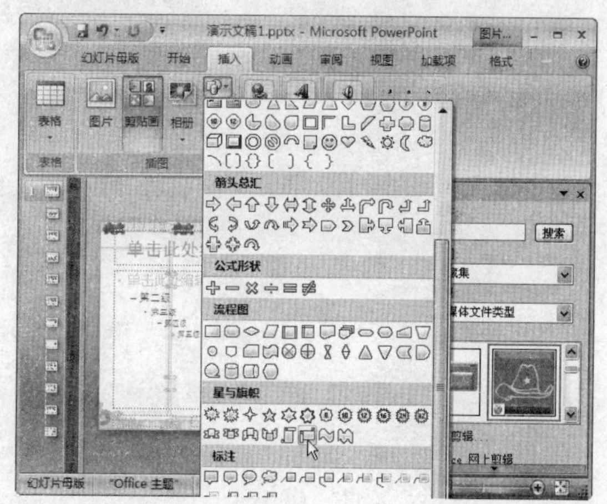

图5－3－27

（7）在幻灯片上拖动鼠标绘制出该形状，并单击鼠标右键，在弹出的快捷菜单中选择“编辑文字”命令，如图5－3－28所示。

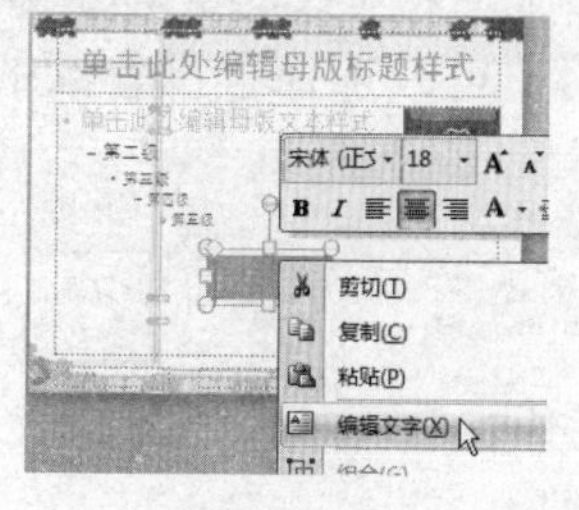

图5－3－28

（8）在图形中输入“像素挂饰”文本，将文本设为“宋体”、“32”、“白色”后，再将形状移至如图5－3－29所示的位置。

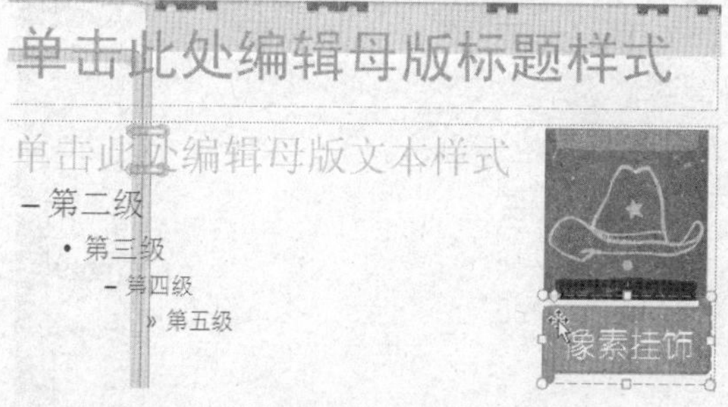

图5－3－29

（9）选择“幻灯片母版”选项卡，在“关闭”栏中单击“关闭母版视图”按钮，回到普通视图后，单击“新建幻灯片”按钮下方的下拉按钮，可以查看用母版进行设计后的幻灯片样式。

5.4 幻灯片的动画效果

5.4.1 幻灯片的切换

幻灯片切换是PowerPoint 2007为幻灯片从一张切换到另一张时提供的多种多样的动态视觉显示方式。

（1）在打开的“看图学英语”演示文稿中，选择“动画”选项卡，在“切换到此幻灯片”组中单击“切换方案”按钮，将打开幻灯片动画效果列表框，如图5-4-1所示。

图5-4-1

（2）在打开的动画效果列表框中的“擦除”栏中选择“向右展开”选项，幻灯片将直接应用该效果，用户可以选择自己喜欢的视觉显示方式。

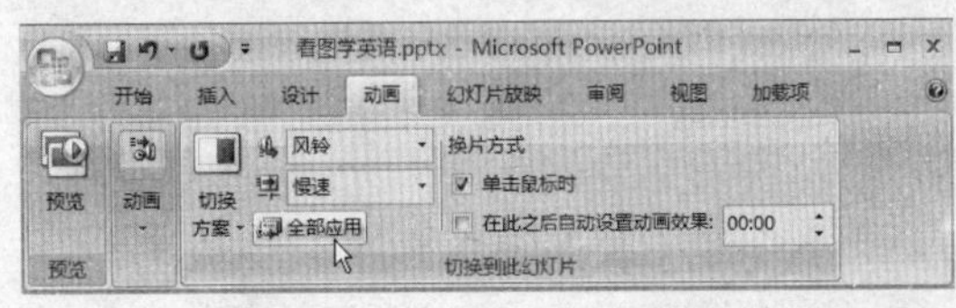

图5-4-2

（3）在“切换到此幻灯片”组的“切换声音”下拉列表框中，选择“风铃”选项，在“切换速度”下拉列表框中，选择“慢速”选项，单击“全部应用”按钮，如图5-4-2所示。在“切换到此幻灯片”组中勾选“单击鼠标时”复选框。

（4）将该设置全部应用后，在“幻灯片”任务窗格中所有幻灯片缩略图的编号下方都会出现五角形的标志，如图5-4-3所示。

图5-4-3

（5）单击“预览”组中的“预览”按钮，注意观察设置后的效果。

5.4.2　快速设置对象的动画效果

我们可以通过PowerPoint提供的几种常用幻灯片对象的动画效果对各张幻灯片中的各个对象进行动画效果的设置。

（1）打开“看图学英语”演示文稿，选择第2张幻灯片，单击“桔子”图片。

（2）选择“动画”选项卡，在“动画”组中单击“动画”后的下拉按钮，如图5-4-4所示，在弹出的下拉列表框中选择“淡出”选项。要注意观察幻灯片中的被设置对象将适时地显示设置后的效果。

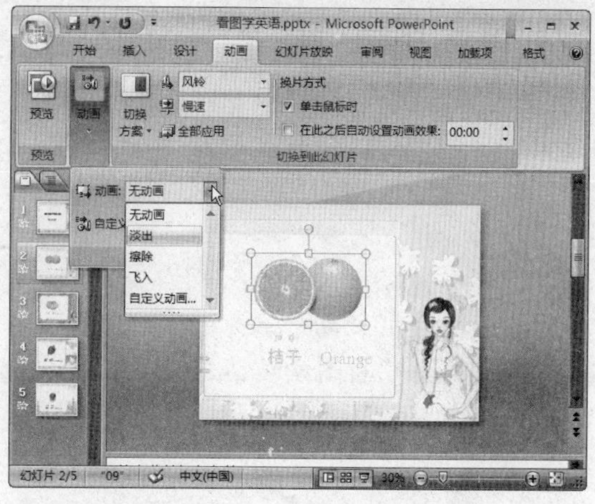

图5-4-4

5.4.3　自定义动画效果

1.添加自定义动画效果

（1）打开“看图学英语”演示文稿，选中“Orange”文本占位符，选择“动画”选项卡，在“动画”组中单击“自定义动画”按钮，如图5-4-5所示。

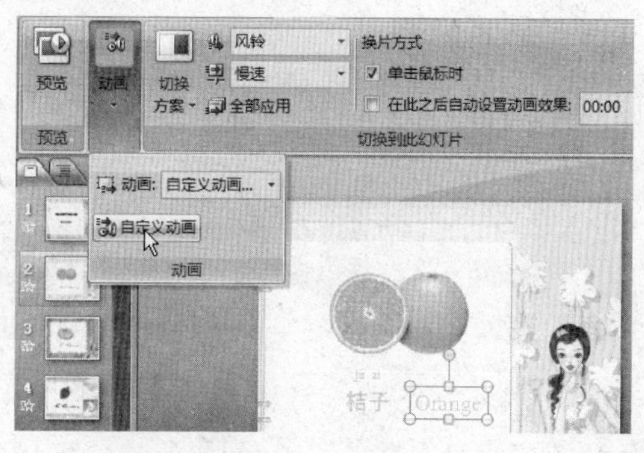

图5-4-5

（2）在打开的“自定义动画”任务窗格中单击“添加效果”按钮，在弹出的菜单中选择“进入”命令，在弹出的下一级子菜单中选择“其他效果”选项，而且勾选“自动预览”复选框，如图5-4-6所示。

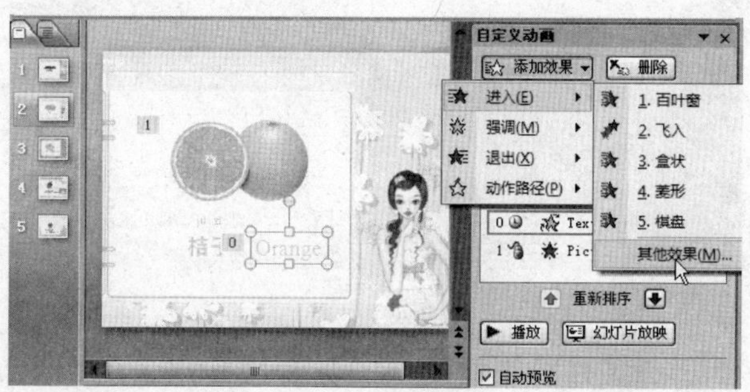

图5-4-6

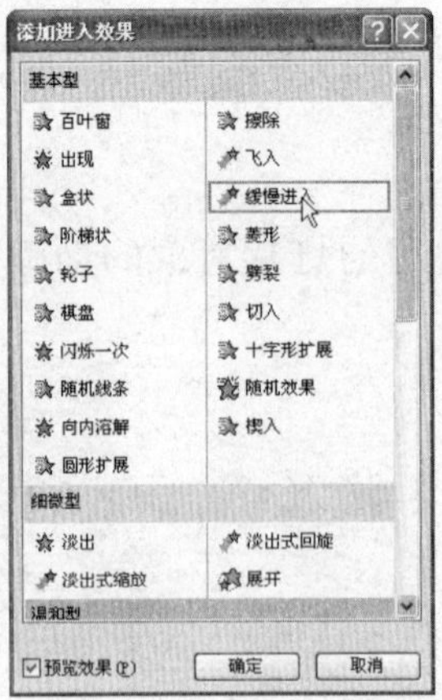

(3) 打开"添加进入效果"对话框中，在"基本型"列表中选择"缓慢进入"命令，如图 5-4-7 所示。注意观察幻灯片中适时显示的动画效果。

图 5-4-7

2.编辑自定义动画效果

(1) 打开"看图学英语"演示文稿，选择"Orange"文本占位符，选择"动画"选项卡，在"动画"组中单击"自定义动画"按钮。

(2) 打开"自定义动画"任务窗格，在其中的"开始"、"方向"、和"速度"下拉列表框中分别选择"之后"、"自底部"和"中速"选项，如图 5-4-8 所示。

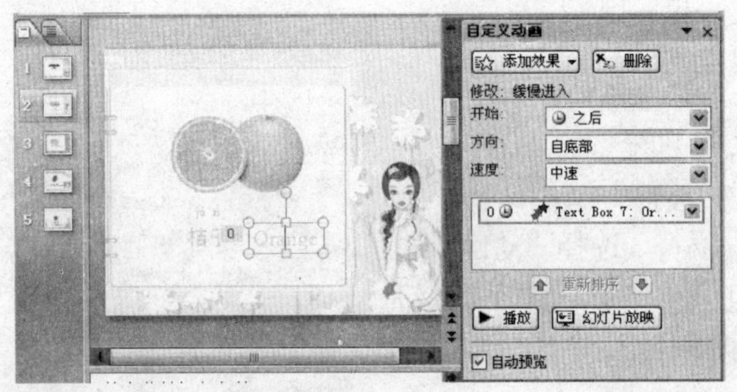

图 5-4-8

(3) 保持"Orange"文本占位符的选中状态，单击"添加效果"按钮，在弹出的菜单中选择"强调"，在子菜单中选择"陀螺旋"选项，如图 5-4-9 所示。如果选择"其他选项"将有更多的选项供用户选择。

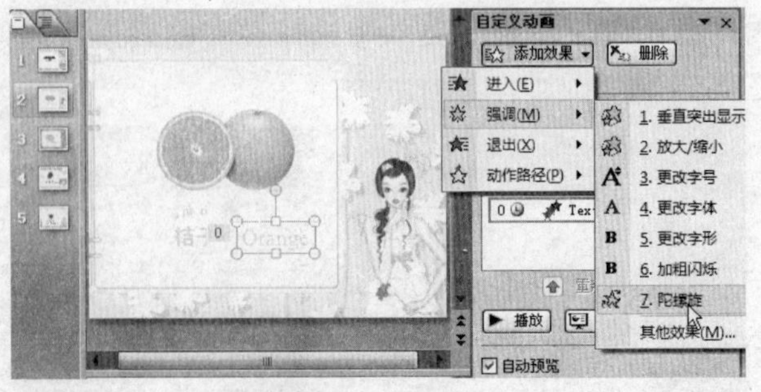

图 5-4-9

(4) 单击"自定义动画"任务窗格中的"播放"按钮。用户注意查看动画编辑后的效果。

5.5 幻灯片的放映

5.5.1 添加动作按钮

（1）打开“看图学英语”演示文稿，选择“插入”选项卡，在“插图”组中单击“形状”按钮，在打开的下拉菜单中的“动作按钮”选项中单击“前进或下一项”按钮，如图5−5−1所示。

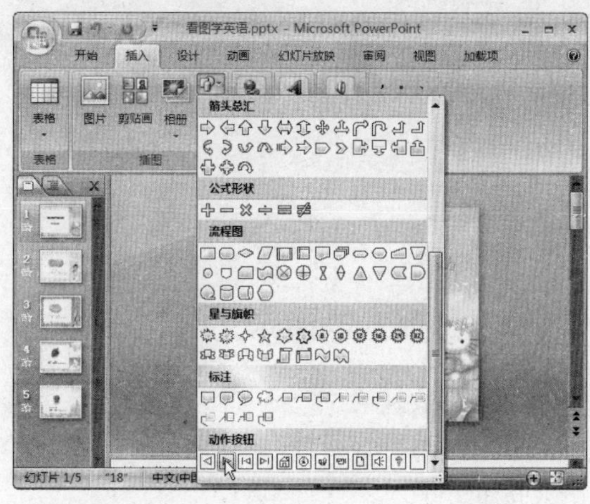

图5−5−1

（2）在幻灯片的右下角拖动鼠标绘制该图形，当释放鼠标左键时，系统将自动打开“动作设置”对话框，选择“超链接到”单选按钮，在其下拉列表框中选择“下一张幻灯片”，单击“确定”按钮，如图5−5−2所示。用同样的方法给第2张到第5张的幻灯片设置合适的动作按钮。

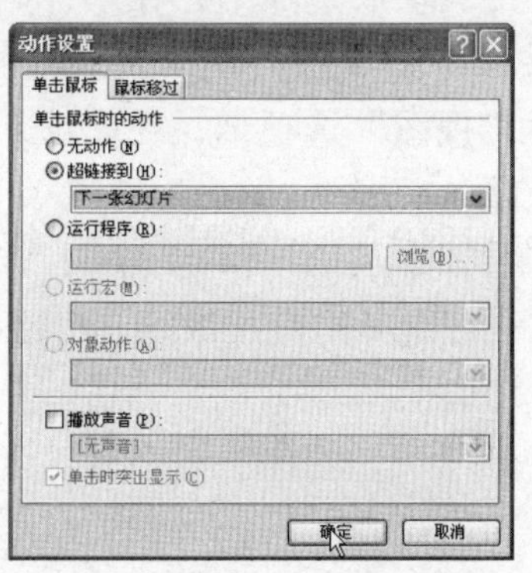

图5−5−2

（3）最后单击快速访问工具栏中的“保存”按钮对演示文稿的设置进行保存。

5.5.2 幻灯片的放映方式

一般来说，幻灯片放映有3种不同方式，以满足用户在不同场合的使用需要，这3种方式包括演讲者放映方式、观众自行浏览方式、在展台浏览方式。

（1）选择“幻灯片放映”选项卡，单击“设置”组中的“设置幻灯片放映”按钮，如图5−5−3所示。

图5−5−3

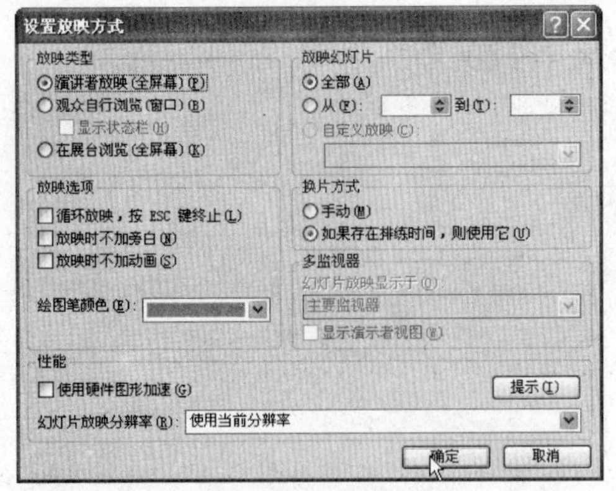

图 5−5−4

（2）打开“设置放映方式”对话框，在“放映类型”选项组中选择相应的单选按钮，单击“确定”按钮，如图 5−5−4 所示，即可完成对放映方式的设置。要注意比较不同放映类型的区别。

5.5.3 开始放映演示文稿

1.一般放映

选择“幻灯片放映”选项卡，在“开始放映幻灯片”工具组中单击“从头开始”按钮或按 F5 键。

选择“幻灯片放映”选项卡，在“开始放映幻灯片”工具组中单击“从当前幻灯片开始”按钮或按“Shift+F5”组合键。

还可以选择“视图”选项卡，在“演示文稿视图”组中单击“幻灯片放映”按钮。

2.自定义放映

（1）打开“看图学英语”演示文稿，选择“幻灯片放映”选项卡，在“开始放映幻灯片”组中单击“自定义幻灯片放映”按钮，在弹出的下拉列表中选择“自定义放映”选项，如图 5−5−5 所示。

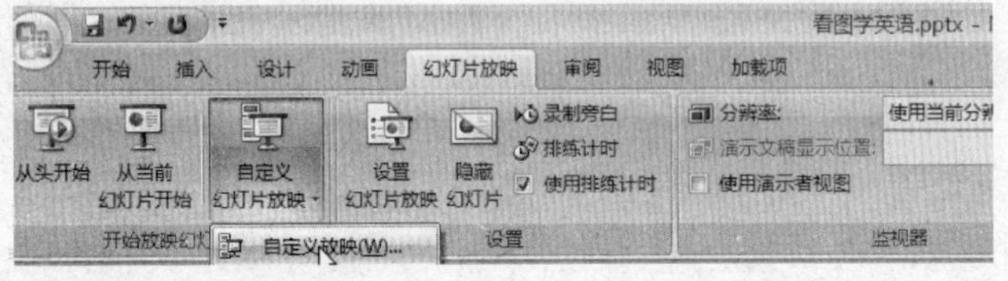

图 5−5−5

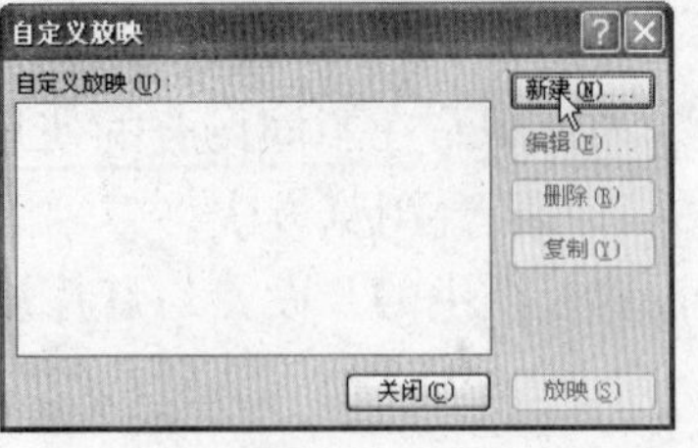

图 5−5−6

（2）在打开的“自定义放映”对话框中单击“新建”按钮，如图 5−5−6 所示。

（3）在打开的“定义自定义放映”对话框的“在演示文稿中的幻灯片”列表框中，按住 Ctrl 键选择第 1、3、5 张幻灯片，单击“添加”按钮，将其添加到“在自定义放映中的幻灯片”列表框中，单击“确定”按钮，如图 5−5−7 所示。

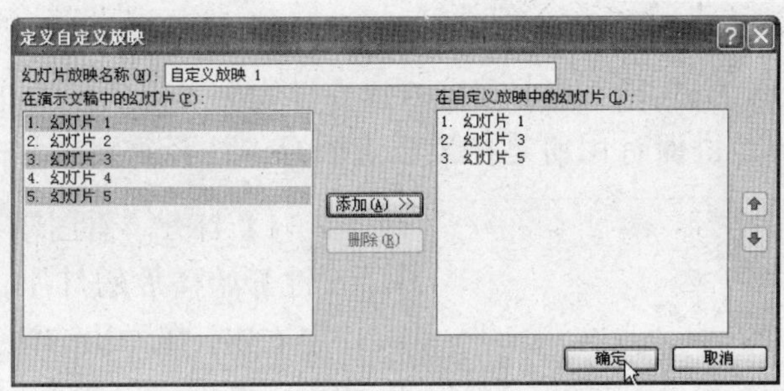

图 5–5–7

(4) 回到"自定义放映"对话框中，保持"自定义放映"的选中状态，单击"放映"按钮，将按照前面设置的放映方式进行放映。观察放映的幻灯片数目及其顺序。

5.5.4　幻灯片的放映控制

1.放映过程的普通控制

放映过程的普通控制可以通过控制按钮或右键快捷菜单来实现。

(1) 打开"看图学英语"演示文稿，按F5键从头进行播放。放映完第一张幻灯片后，鼠标单击"前进或下一项"按钮，如图5–5–8所示。

图 5–5–8

(2) 切换到下一张幻灯片对其进行浏览后，单击鼠标右键，在弹出的快捷菜单中选择"前进"命令，如图5–5–9所示。也可以通过控制按钮来操作幻灯片的放映。

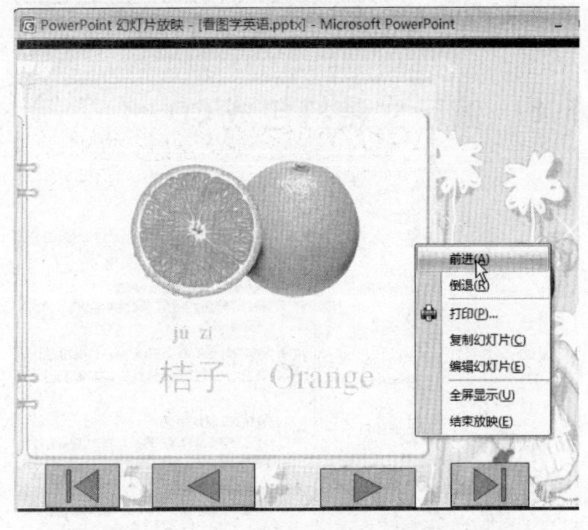

图 5–5–9

注意

上面的放映过程是在"观众自行浏览"的放映方式下进行的操作，用户注意和比较其他放映方式下鼠标右击所弹出的菜单命令的不同以及窗口的变化。

2.在幻灯片上作标记

在“演讲者放映”方式下，演示文稿的放映过程中可以为需要进行重点讲解的地方作上标记，就像教师在讲课时用粉笔在黑板上圈点、注释重要内容一样。

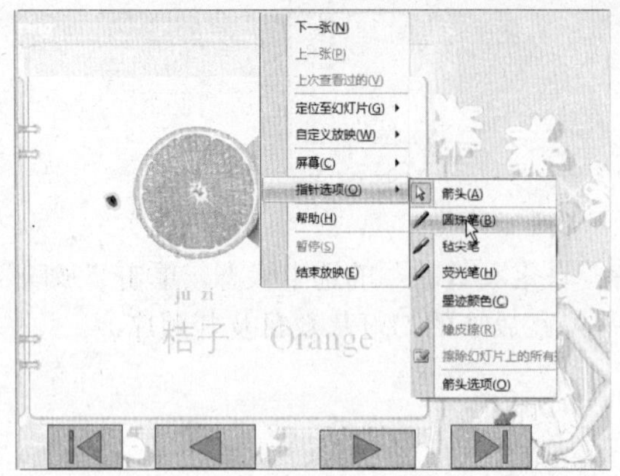

图 5-5-10

(1) 打开“看图学英语”演示文稿，按F5键开始播放幻灯片。在全屏放映的幻灯片中右击，在弹出的快捷菜单中选择“指针选项→圆珠笔”命令，如图5-5-10所示。

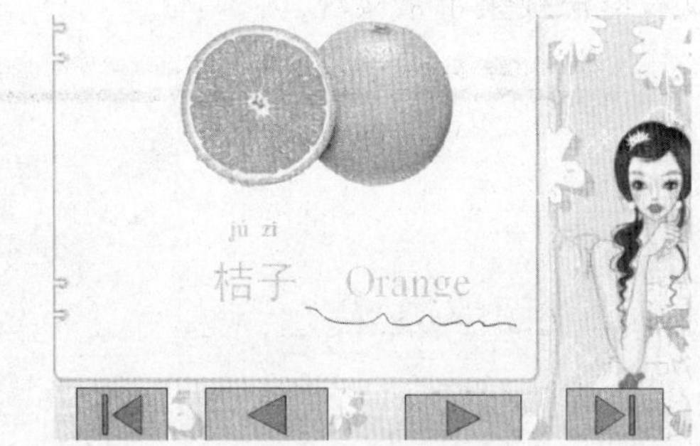

图 5-5-11

(2) 在幻灯片中按住鼠标左键拖动绘图笔为文本内容作标记，如图5-5-11所示。

图 5-5-12

(3) 按Esc键退出放映，在打开的提示对话框中单击“保留”按钮，将墨迹保留，如图5-5-12所示。

5.5.5 演示文稿打包成CD

图 5-5-13

(1) 打开“看图学英语”演示文稿，单击Office按钮，在弹出的下拉菜单中选择“发布”命令，在弹出的子菜单中选择“CD数据包”命令，如图5-5-13所示。

（2）在打开的“打包成CD”对话框的“将CD命名为”文本框中输入“看图学英语”，单击“复制到文件夹”按钮，如图5-5-14所示。

图5-5-14

（3）在打开的“复制到文件夹”对话框的“位置”文本框中输入文件位置或通过“浏览”按钮选择文件位置，如图5-5-15所示。

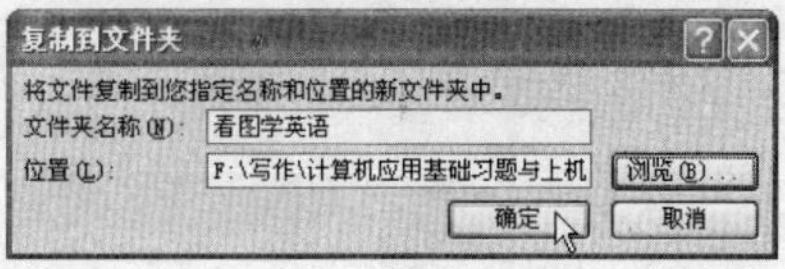

复制到文件夹

将文件复制到您指定名称和位置的新文件夹中。

文件夹名称(N): 看图学英语

位置(L): F:\写作\计算机应用基础习题与上机

浏览(B)...　确定　取消

图5-5-15

（4）单击“确定”按钮开始打包，演示文稿完成打包后，在“打包成CD”对话框中单击“关闭”按钮。在所设置的文件位置便可查看打包后的文件夹，如图5-5-16所示。

图5-5-16

5.5.6　放映打包后的演示文稿

放映打包后的演示文稿，操作步骤如下：

（1）打开“看图学英语”文件夹，双击名为“PPTVIEW.EXE”的可执行文件图标，在打开的页面中单击“接受”按钮，如图5-5-17所示。

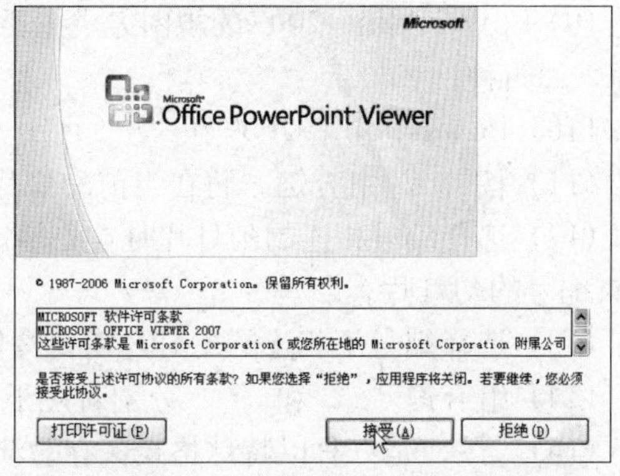

图5-5-17

（2）打开“Microsoft Office PowerPoint Viewer”对话框，在中间的列表框中选择“看图学英语”选项。单击“打开”按钮，如图5-5-18所示，系统将自动放映该演示文稿。

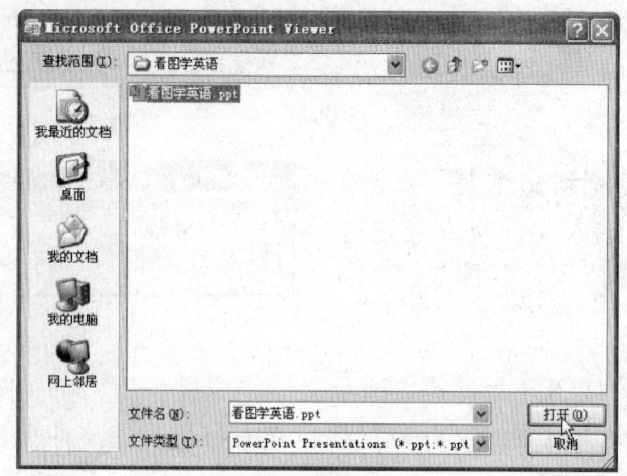

图5-5-18

5.6 习 题

1.填空

（1）PowerPoint 2007是一款用于制作_____的应用软件。

（2）PowerPoint 2007演示文稿默认的扩展名是_____。

（3）PowerPoint 2007默认的对演示文稿自动保存时间为10分钟，如果要修改间隔时间，应该单击Office按钮，打开“PowerPoint选项”对话框的_____选项卡中设置。

（4）在PowerPoint中，按_____键可直接进入幻灯片的放映模式且从头开始放映。

（5）在PowerPoint中，按_____组合键则从当前幻灯片开始放映。

（6）显示和隐藏功能区的快捷键是_____。

（7）_____主要用于显示和编辑幻灯片。

（8）演示文稿中的每一页称为_____。

（9）PowerPoint 2007的视图方式主要有普通视图、幻灯片浏览视图、备注页视图、和_____四种。

（10）PowerPoint 2007在_____视图方式下不能对幻灯片中的文字进行修改。

（11）按_____组合键，将在当前幻灯片后面插入一张新幻灯片。

（12）选择编号相连的幻灯片时首先单击起始编号的幻灯片，按住_____键，再单击结束编号的幻灯片。

（13）选择编号不相连的幻灯片需要按住_____键，然后依次单击要选择的幻灯片。

（14）组合键_____和_____分别对应于幻灯片的复制和粘贴操作。

（15）_____是一种以特殊格式保存的演示文稿，用户可以通过它来提高创建演示文稿的效率。

(16) ______可以为幻灯片添加说明和注释。

(17) ______用于显示演示文稿的幻灯片数量及位置。

(18) ______就是幻灯片中的虚线方框。

(19) 对占位符的形状设置包括形状填充、形状轮廓和______的设置。

(20) PowerPoint 2007的替换功能包括替换字体和______。

(21) 按Esc键可以______幻灯片的放映。

(22) 单击______选项卡可以进入不同的幻灯片母版类型。

(23) ______是PowerPoint 2007默认视图方式。

(24) 在______中可以设置每页可显示的幻灯片数量。

(25) 在普通视图中直接______插入的音频文件，可以预览其播放时的效果。

(26) 如果在幻灯片放映前为幻灯片和其中的各个对象设置动画效果，在其放映时会以______的方式显示在屏幕上。

(27) 单击占位符中的“插入媒体剪辑”按钮或选择“插入”选项卡，在“媒体剪辑”组中单击“影片”按钮，都可打开______对话框，从而在幻灯片中插入视频文件。

(28) 在普通视图或______视图中都可以为幻灯片设置动画切换。

(29) 为幻灯片设置动画切换方案需选择______选项卡，在“切换到此幻灯片”组中单击“切换方案”按钮。

(30) PowerPoint 2007提供的自定义动画时可添加的效果主要包括______、______、退出和动作路径。

(31) PowerPoint 2007在“自定义动画”任务窗格中的“速度”下拉列表框主要包括非常慢、慢速、______、______和非常快。

(32) 在“添加进入效果”对话框中可设置的动画效果按风格分为______、______、______和华丽型。

(33) 一般情况下，PowerPoint 2007默认的幻灯片放映方式为______方式。

(34) 使用展台浏览方式进行放映时，不能单击鼠标放映幻灯片，但可以单击超链接和______进行切换。

(35) 在______方式下可以对幻灯片中的内容作标记。

(36) 在展台浏览方式下对幻灯片进行放映时，要终止放映只能使用______键。

(37) 放映过程的控制一般是通过______或控制按钮来完成。

(38) 在打印演示文稿前可以使用______命令查看打印的效果。

(39) 在PowerPoint 2007中可以将演示文稿打包成______，可以在没有安装PowerPoint 2007的计算机中放映该演示文稿。

(40) 可以通过拖动滚动条来对幻灯片进行放映的方式是______方式。

2.单项选择题

(1) 在PowerPoint中用于显示当前应用程序名称和编辑的演示文稿名称的是（ ）。

A.标题栏　　B.状态栏

C.菜单栏　　D.视图栏

(2) PowerPoint 2007 默认的自动保存时间间隔是（ ）分钟。

A.3　　B.5

C.8　　D.10

(3) 默认情况下，PowerPoint 2007 的快速访问工具栏不包括的按钮是（ ）。

A.　　B.

C.　　D.

(4) PowerPoint 2007 演示文稿的默认扩展名是（ ）。

A.PTTX　　B.PPT

C.POT　　D.PPTX

(5) 在 PowerPoint 2007 当中状态栏用于显示（ ）。

A.应用程序名称　　B.背景样式

C.演示文稿名称　　D.幻灯片编号

(6) 在 PowerPoint 2007 从头开始放映幻灯片的按键是（ ）。

A.F1　　B.F3

C.F5　　D.F7

(7) PowerPoint 2007 在（ ）视图模式下可以插入剪贴画或图片。

A.普通视图　　B.幻灯片浏览视图

C.备注页视图　　D.幻灯片放映视图

(8) 在 PowerPoint 的普通视图的大纲选项卡中，大纲是由幻灯片的（ ）组成。

A.标题和图形　　B.正文和图形

C.标题和正文　　D.正文和视频

(9) 在 PowerPoint 2007 的“设计”选项卡的“主题”组中不包括的是（ ）。

A.主题颜色　　B.主题背景

C.主题字体　　D.主题效果

(10) 快速创建新的空白演示文稿的命令是（ ）。

A.Ctrl+S　　B.Ctrl+O

C.Ctrl+N　　D.Ctrl+E

(11) 在当前幻灯片后面添加一张新幻灯片的命令是（ ）。

A.Ctrl+M　　B.Ctrl+O

C.Ctrl+N　　D.Ctrl+S

(12) 选择编号不相连的幻灯片，需要首先按住（ ）键，再单击要选择的幻灯片。

A.Tab　　B.Ctrl

C.Shift　　D.Enter

(13) 退出幻灯片放映的按键是（ ）。

A.Alt+X　　B.Ctrl+X

C.Shift+F5　　D.Esc

(14) 在 PowerPoint 中幻灯片的占位符是指（ ）。

A.幻灯片中的空格符　　B.幻灯片中的图片

C.幻灯片中的虚线方框　　D.幻灯片中的文本

(15) PowerPoint的主要功能是（ ）。

A.文字处理　　B.图片处理

C.表格处理　　D.处理演示文稿

(16) 在一个段落中连续单击鼠标（ ）次，可以选择整个段。

A.1　　B.2

C.3　　D.4

(17) 在对演示文稿的编辑过程中常用的操作“撤销”命令的组合键是（ ）。

A.Ctrl+Y　　B.Ctrl+Z

C.Ctrl+C　　D.Ctrl+A

(18) 在PowerPoint中，在建立项目符号或编号时，如果不想在某一段添加，只需要按（ ）组合键即可。

A.Ctrl+Alt　　B.Ctrl+Shift

C.Shift+Enter　　D.Alt+Shift

(19) 关于幻灯片母版叙述不正确的是（ ）。

A.选择“视图”选项卡，在“演示文稿视图”组中可以打开幻灯片母版视图

B.在母版中更改和设置的内容将应用于同一演示文稿中的所有幻灯片

C.在母版视图下只可以看到标题占位符及副标题占位符

D.单击“编辑母版”组中的按钮，就在母版视图中插入一个新的幻灯片母版。

(20) PowerPoint的另存为命令不可以保存的文件类型有（ ）。

A.大纲文件　　B.DOC文件

C.单个文件网页　　D.模板文件

(21) 下列选项中不属于PowerPoint母版的是（ ）。

A.幻灯片母版　　B.讲义母版

C.备注母版　　D.内容母版

(22) 在“动画”选项卡中，不可以对幻灯片“切换速度”进行的设置选项是（ ）。

A.匀速　　B.中速

C.慢速　　D.快速

(23) 定义动画效果时，“百叶窗”属于（ ）效果类型。

A.进入　　B.退出

C.强调　　D.动作路径

(24) 以窗口形式放映演示文稿的是（ ）。

A.演讲者放映　　B.观众自行浏览

C.在展台浏览　　D.网页浏览

(25) 可以使用（ ）在没安装PowerPoint的电脑上观看打包后的演示文稿。

A.Internet Explorer　　B.视频播放器 mplayerc.exe

C.电子文档阅读器　　D.PowerPoint播放器 pptview.exe

3.多项选择题

(1) PowerPoint 2007的操作界面比Word或Excel的界面多了（ ）。

A.“幻灯片”任务窗格　B.“大纲”任务窗格

C.功能选项卡和功能区　D.“备注”栏

E.Office按钮　F.快速访问工具栏

(2) 为了便于编辑和调试演示文稿，PowerPoint 提供的主要视图方式有（ ）。

A.普通视图　B.阅读视图

C.幻灯片浏览视图　D.备注页视图

E.幻灯片放映视图　F.Web网页视图

(3) PowerPoint 母版分为（ ）。

A.幻灯片母版　B.幻灯片标题母版

C.幻灯片内容母版　D.动画母版

E.讲义母版　F.备注母版

(4) PowerPoint 演示文稿的放映方式有（ ）。

A.演讲者放映　B.观众自行浏览

C.在展台浏览　D.自动循环放映

(5) 关于“讲义”母版叙述正确的有（ ）。

A.在“演示文稿视图”组中单击“讲义母版”可进入讲义母版视图

B.在讲义母版视图中可设置页眉和页脚的内容并调整其位置

C.在讲义母版视图下可以将幻灯片作为讲义稿打印出来

D.在讲义母版视图下用户可以实时看到在讲义中的显示效果

E.在讲义母版中作的设置不会反映在其他母版视图中

F.可以设置的讲义版式有每页1张、2张、3张、4张、6张、9张及大纲版式7种

(6) 在（ ）视图模式下，不可以对幻灯片进行插入和编辑对象的工作。

A.普通视图　B.幻灯片浏览视图

C.幻灯片放映视图　D.备注页视图

(7) 在演讲者放映模式下对幻灯片切换叙述正确的有（ ）。

A.可以通过单击鼠标对幻灯片进行切换

B.通过鼠标右键弹出快捷菜单来对幻灯片进行切换

C.可以通过设置控制按钮对幻灯片进行切换

D.可以通过屏幕右侧的滚动条对幻灯片进行切换

(8) 幻灯片进行放映时，从第一张幻灯片进行放映的操作是（ ）。

A.选择“幻灯片放映”选项卡，在“开始放映幻灯片”组中单击“从头开始”按钮

B.选择“视图”选项卡，在“演示文稿视图”组中单击“幻灯片放映”按钮

C.选择“幻灯片放映”选项卡，在“开始放映幻灯片”组中单击“从当前幻灯片开始”按钮

D.按“Shift+F5”组合键

E.按F5键

(9) 在“开始”选项卡的“字体”组中包括（ ）。

A.字体　　B.字号

C.文字效果　　D.字符间距

E.字体颜色　　F.文字方向

(10) 下列选项中属于自定义动画效果类型有（ ）。

A.擦除　　B.进入

C.淡出和溶解　　D.退出

E.强调　　F.动作路径

4.判断题

(1) 状态栏右侧的显示比例滑杆可以控制幻灯片在整个编辑区的视图比例。( )

(2) PowerPoint 2007提供了大纲视图、幻灯片视图、幻灯片浏览视图和幻灯片放映视图四种视图模式。( )

(3) 在备注页视图模式下，用户不仅可以添加或更改备注信息也可以添加图形等信息。( )

(4) 按“Shift+F5”组合键可以直接进入幻灯片的放映模式，且从头开始放映。( )

(5) PowerPoint 2007使用选项卡替代了原来的菜单。( )

(6) 使用PowerPoint制作出来的整个文件称为演示文稿，也称为幻灯片。( )

(7) 在放映幻灯片过程中不显示隐藏幻灯片。( )

(8) 无论是在哪种视图模式下，只需单击需要的幻灯片即可选中该张幻灯片。( )

(9) 按“Ctrl+N”组合键，将在当前幻灯片后面插入一张新幻灯片。( )

(10) 幻灯片被移动后将保持原有编号不变。( )

(11) 当我们要放映部分幻灯片时，可以选择自定义幻灯片放映。( )

(12) 在幻灯片浏览视图中，可以直接在幻灯片之间的空隙中按下鼠标左键拖动来选中幻灯片。( )

(13) PowerPoint 2007提供的三种外观颜色分别是蓝色、银波荡漾和黑色。( )

(14) 在讲义母版中可以设置页眉和页脚，也可以将幻灯片作为讲义稿打印出来，但不可以改变幻灯片的放置方向。( )

(15) 对PowerPoint 2007中的图片进行微移时需使用Ctrl和键盘的方向键。( )

(16) PowerPoint 2007在任何放映模式下只能按Esc键来退出幻灯片的放映。( )

(17) 幻灯片切换方案效果是对整张幻灯片进入和离开方式进行设置的效果。( )

(18) 在使用展台浏览方式对幻灯片进行放映时，不能单击鼠标进行控制放映，但可以单击超链接或动作按钮来进行切换。( )

(19) 只有在展台浏览模式下才可以对放映的幻灯片作标记。( )

(20) 在PowerPoint 2007中可以将演示文稿打包成CD。( )

读书笔记

第6章　网络应用基础

本章学习目标：

(1) 局域网配置。

(2) IE浏览器的使用和设置。

(3) 电子邮件的收发。

6.1　局域网配置

6.1.1　修改标识名称

(1) 在Windows XP桌面上右击“我的电脑”图标，从弹出的快捷菜单中选择“属性”命令，打开“系统属性”对话框，选择“计算机名”选项卡，单击“更改”按钮，如图6-1-1所示。

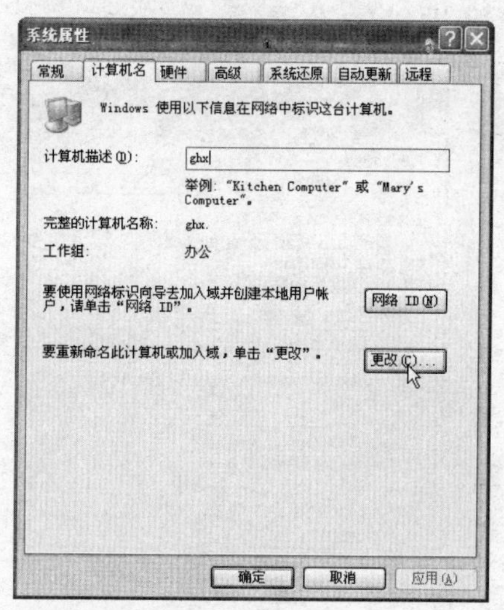

图6-1-1

(2) 打开“计算机名称更改”对话框，在计算机名文本框中输入“Lqh”，在工作组文本框中输入“ZWXC”，单击“确定”按钮，如图6-1-2所示。计算机重新启动，设置生效。

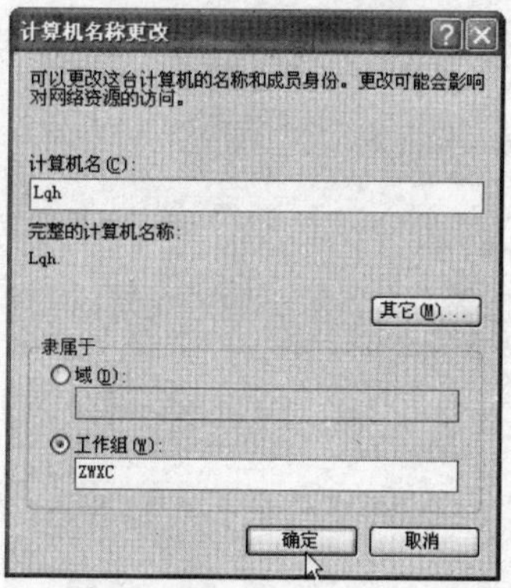

图6-1-2

6.1.2 将计算机上的某个文件夹共享

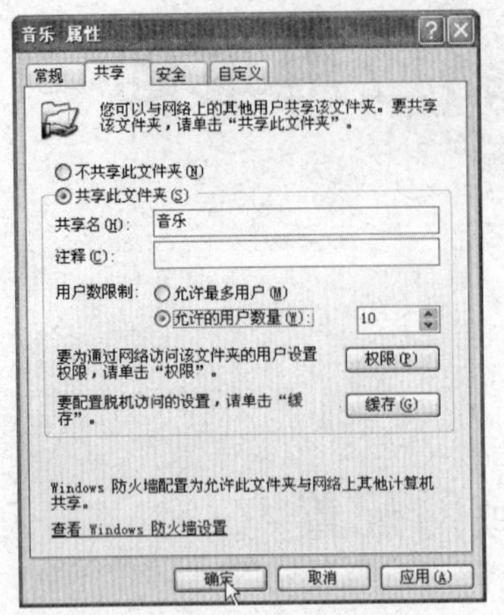

图 6–1–3

选定要共享的文件夹也可以是某个盘符，单击右键，在快捷菜单中选择“共享和安全”，将弹出“(文件夹名)属性”对话框，选择“共享此文件夹”单选按钮，可以更改允许访问的用户数及对该共享文件的访问权限，最后单击“确定”按钮，如图 6–1–3 所示。

6.1.3 IP 地址的设置

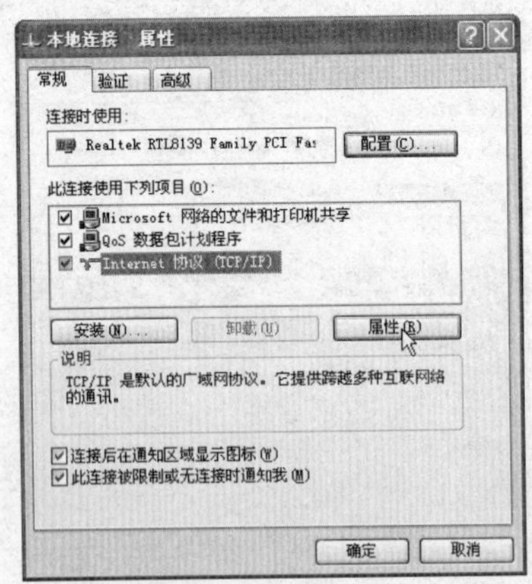

图 6–1–4

(1) 在 Windows XP 桌面上右击“网上邻居”图标，从弹出的快捷菜单中选择“属性”命令，打开“网络连接”对话框。在“本地连接”图标上右击，从弹出的快捷菜单中选择“属性”命令，打开“本地连接 属性”对话框，选择“Internet 协议 (TCP/IP)”，单击“属性”按钮，如图 6–1–4 所示。

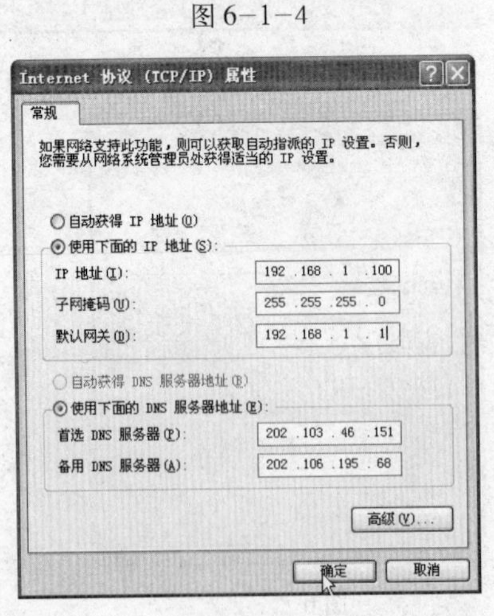

图 6–1–5

(2) 打开“Internet 协议 (TCP/IP) 属性”对话框，选择“使用下面的 IP 地址”单选按钮，按要求输入正确的 IP 地址、子网掩码、默认网关地址及 DNS 服务器的地址。如图 6–1–5 所示。

6.1.4 检测本计算机TCP/TP协议

(1) 在“开始”菜单中选择“运行”命令，打开“运行”对话框，在“打开”列表中输入“cmd”命令，单击“确定”按钮，如图6-1-6所示。

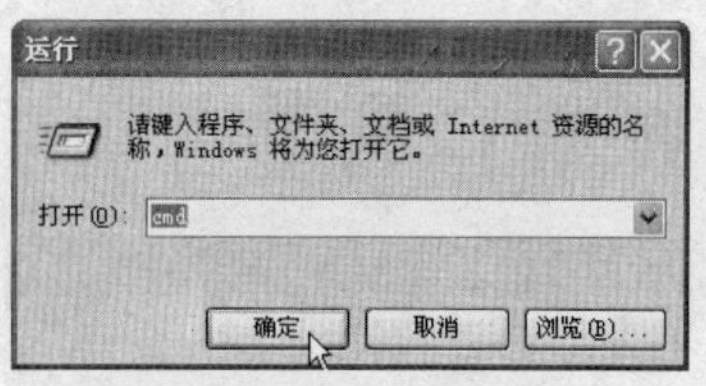

图6-1-6

(2) 在打开的“cmd.exe”执行窗口，输入“ping”命令和本机的IP地址，如ping 192.168.1.100，按回车键，便可查看TCP/IP的连接测试结果。图6-1-7所示说明TCP/IP测试通过，否则将显示“Request timed out”。

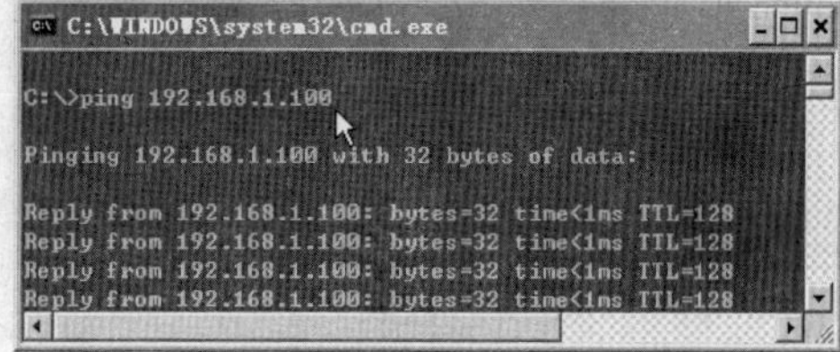

图6-1-7

6.2 IE浏览器的使用和设置

6.2.1 IE浏览器的启动

- 双击桌面上的IE图标。
- 单击“快速启动区”工具栏上的IE图标。
- 选择“开始”→“程序”→“Internet Explorer”菜单命令。

启动IE浏览器后，注意观察其窗口的组成，如图6-2-1所示。

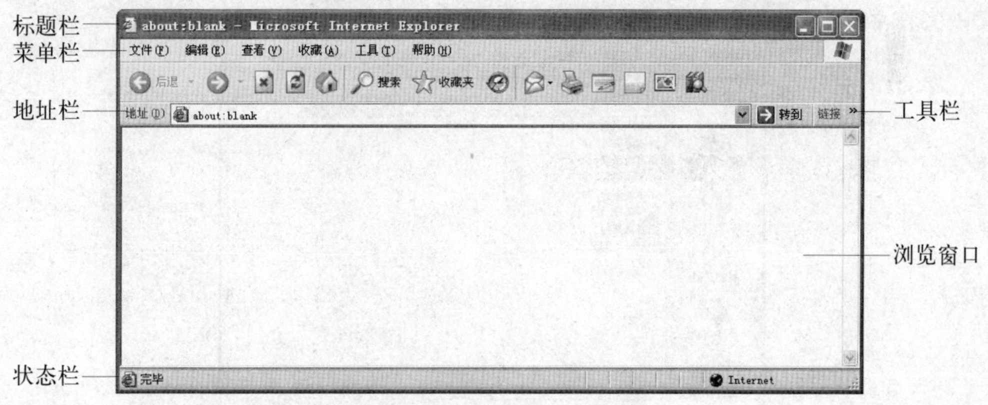

图6-2-1

IE浏览器窗口主要包括标题栏、菜单栏、工具栏、地址栏、浏览窗口和状态栏等。

6.2.2 打开网页

- 在地址栏中直接输入网址，或在“我的电脑”窗口的地址栏中输入要浏览的网页的地址，然后按Enter键。

● 单击“地址”栏右侧的下拉按钮，在地址下拉列表中选择最近输入过的网址。

● 单击“工具栏”上的“收藏夹”按钮，在“收藏夹”中选择网址。

6.2.3 浏览网页

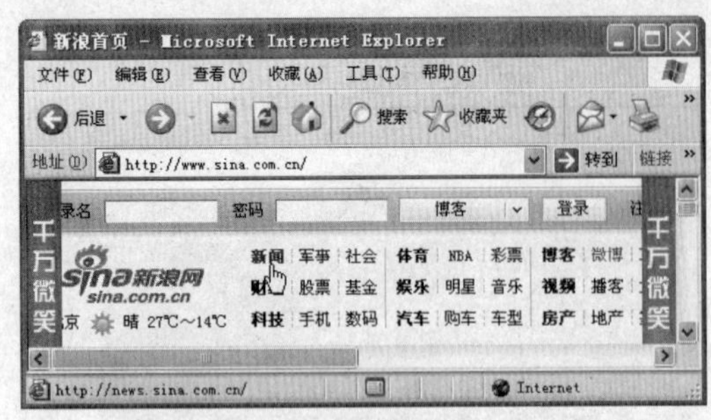

图 6-2-2

1.使用超链接浏览网页

鼠标指针移动到超链接上时，指针会变为手的形状，要注意观察在状态栏也会同时显示链接的地址。单击网页上的超链接，如图 6-2-2 所示。就可以转到与之关联的网页或相关的内容。

2.多窗口浏览网页

● 选择“文件”→“新建”→“窗口”菜单命令，将该网页在新窗口中重新打开，原来窗口仍然保留。

● 按 Shift 键，同时单击超链接，将在新窗口中打开该链接网页。

● 用鼠标右击超链接，在快捷菜单中选择“在新窗口中打开”命令，将在新窗口中打开该链接网页。

6.2.4 保存浏览信息

1.保存网页

选择“文件”→“另存为”菜单命令，打开“保存网页”对话框。选择网页的保存位置，文件名、保存类型，单击“保存”按钮，如图 6-2-3 所示。

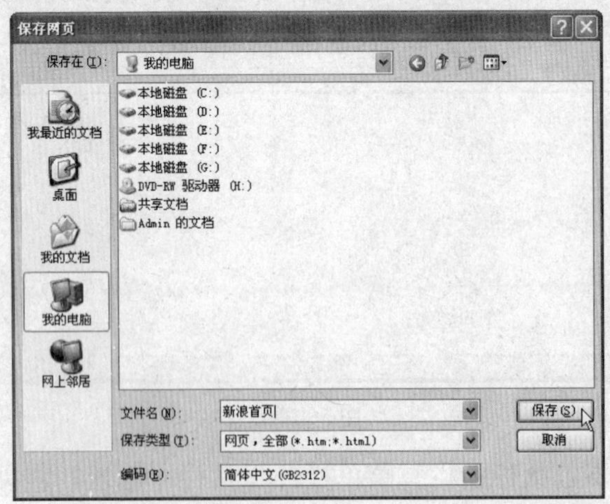

图 6-2-3

2.保存网页中的图片

如果想保存网页中的图片，只需用鼠标右击网页中要保存的图片，在快捷菜单中选择“图片另存为”命令。

6.2.5　搜索引擎的使用

（1）在IE浏览器地址栏中输入www.baidu.com，按Enter键，进入百度网站主页，如图6-2-4所示。

图6-2-4

（2）在搜索文本框中输入关键词“电脑爱好者”，按Enter键或单击“百度一下”按钮，开始搜索。

（3）注意观察搜索引擎会返回包含“电脑爱好者”关键词的所有搜索结果页面，同时显示搜索到的结果数据和所用时间，如图6-2-5所示。

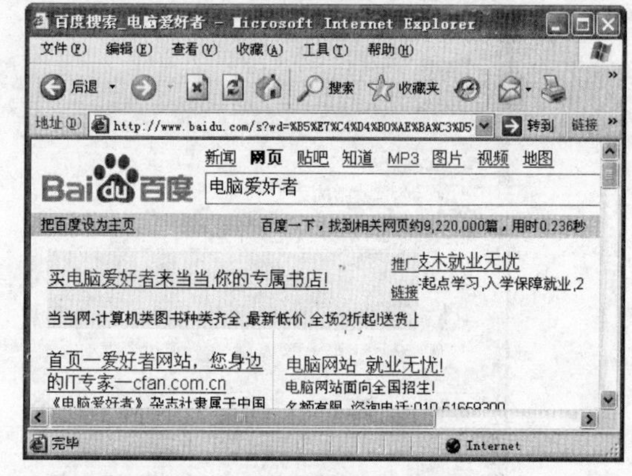

图6-2-5

6.2.6　收藏夹的使用

1.添加到收藏夹

（1）在IE地址栏中输入www.sina.com.cn，按Enter键，进入新浪网站主页。

（2）选择“收藏”→“添加到收藏夹”菜单命令，打开“添加到收藏夹”对话框，如图6-2-6所示。单击“确定”按钮，就可将网页收藏到收藏夹中。

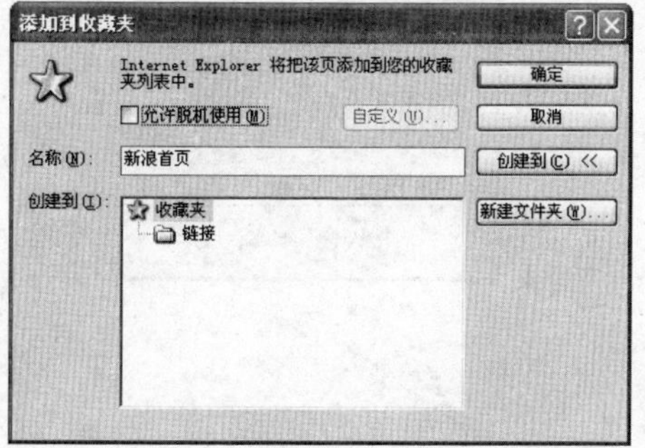

图6-2-6

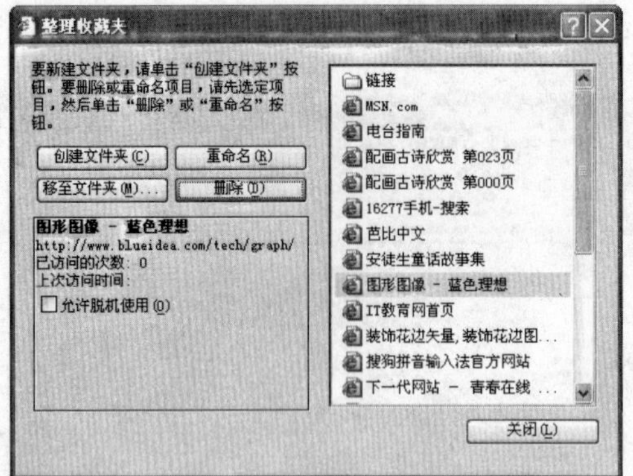

图 6-2-7

2.整理收藏夹

当收藏夹里的网址需要整理时，选择“收藏”→“整理收藏夹”菜单命令，打开“整理收藏夹”对话框，如图 6-2-7 所示。在该对话框中可对收藏夹中所收藏的网页进行重命名、分类等操作。

6.2.7 Internet 选项设置

1.设置默认主页

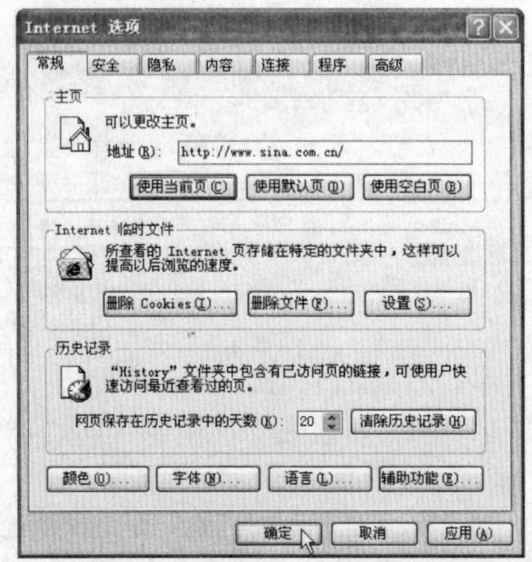

图 6-2-8

在 IE 浏览器窗口中选择“工具”→“Internet 选项”菜单命令，打开“Internet 选项”对话框，单击“使用当前页”按钮，然后，再单击“确定”按钮，如图 6-2-8 所示。重新打开 IE 浏览器，注意观察所显示的主页就是我们刚浏览过的页面。

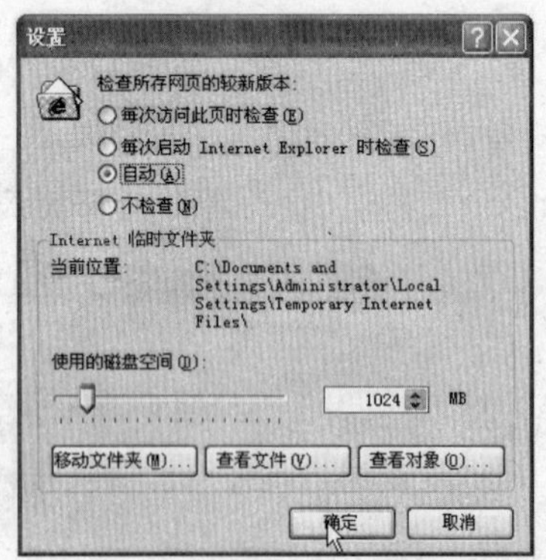

图 6-2-9

2.设置 IE 浏览器的数据缓冲区

打开“Internet 选项”对话框，在“Internet 临时文件”选项组中，单击“设置”按钮，拖动“使用的磁盘空间”滑块，使数字达到 1024，如图 6-2-9 所示。然后，单击“确定”按钮。

6.3　电子邮件的收发

6.3.1　电子邮件的申请

(1) 在IE浏览器中输入www.sohu.com，按Enter键，进入搜狐网站主页。单击网页上端的搜狐通行证“注册”链接，如图6-3-1所示。

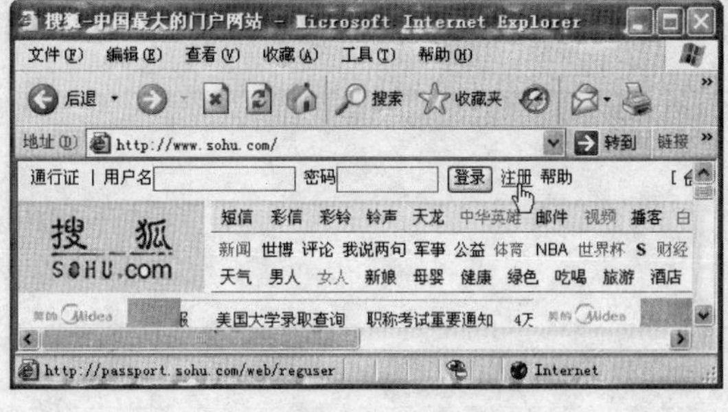

图6-3-1

(2) 进入“搜狐通行证>新用户注册”页面，在“用户名”文本框中输入邮箱名，按要求在安全设置中输入密码、密码提示问题等安全设置信息，填写校验码。填写完成后，单击“完成注册”按钮，如图6-3-2所示。

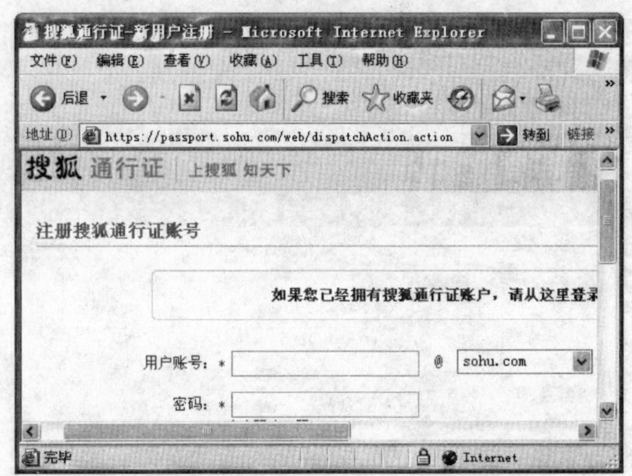

图6-3-2

6.3.2　IE浏览器收发电子邮件

1.登录邮箱

(1) 在IE地址栏中输入www.sohu.com，按Enter键，进入搜狐网站主页。

(2) 在搜狐通行证登录区输入用户名和密码，单击“登录”按钮，如图6-3-3所示。

图6-3-3

2.撰写发送邮件

(1) 单击邮箱导航条中的“写信”按钮，打开“写信”窗口，输入收件人地址、输入主题，在邮件正文输入区输入正文内容，还可以添加附件。

(2) 在发送邮件之前，如果单击“保存草稿”按钮，可以将所写的邮件先保存到草稿箱中待以后发送。

图 6-3-4

(3) 单击“发送”按钮，如图6-3-4所示。发送成功后，会显示发送成功的提示信息。

图 6-3-5

3.接收、阅读邮件

(1) 在IE地址栏中输入www.126.com，按Enter键，在打开的登录窗口中输入用户名和密码，单击“登录”按钮，如图6-3-5所示。

(2) 单击邮箱导航条中的“收信”按钮或“收件箱”链接，打开收件箱窗口，单击需要阅读的邮件主题链接。就可进入“邮件内容”页面，注意观察各部分组成，如发件人、收件人、发送日期和主题等信息。

6.4 习 题

1.填空

(1) 计算机网络是_____与_____相结合的产物。

(2) 计算机网络的主要功能是_____和_____。

(3) 在计算机网络中，按照网络的逻辑功能，可以分为_____和_____。

(4) _____的主要作用是负责数据信息的收集、处理、存储、传播和提供共享资源。

(5) _____是指通信介质及介质连接部件，包括同轴电缆、双绞线、光纤等。

(6) 在计算机网络中通信双方共同遵守的约定和通信规则称为_____。

(7) _____是指在两台计算机或终端之间经过信道传输数据或信息的过程。

(8) ＿＿＿是指传输信息的通路，分为物理信道和＿＿＿。

(9) 将数字信号转换成模拟信号的过程称为＿＿＿。

(10) 将模拟信号转换成数字信号的过程称为＿＿＿。

(11) ＿＿＿是指信道所能传送信号的频带宽度。

(12) ＿＿＿是指单位时间内传输的信息量。

(13) 计算机网络按覆盖的地理范围可分为＿＿＿、＿＿＿和广域网。

(14) WWW是＿＿＿的简称，中文名称是＿＿＿。

(15) 用户通过＿＿＿协议可以将任何类型的文件直接从一台计算机传输到另一台计算机。

(16) ＿＿＿是提供用户进行问题探讨和信息交流的场所。

(17) TCP协议是Transmit Control Protocol的简称，即＿＿＿。

(18) IP协议是Internet Protocol的简称，即＿＿＿。

(19) Internet上的每个网络设备和每台计算机都分配了唯一的地址标识，称为＿＿＿。

(20) IP地址由＿＿＿和＿＿＿组成。

(21) 目前我们使用的IPv4采用＿＿＿位的地址长度，而IPv6采用＿＿＿位地址长度。

(22) 域名采用＿＿＿结构，每一层有一定的含义，用圆点隔开。

(23) 同一个物理网络上的所有主机都使用同一个＿＿＿。

(24) ＿＿＿是一种通过超链接将各种不同的信息组织在一起的电子文本。

(25) ＿＿＿是指包含图形、图像和视频等多媒体信息的超文本。

(26) HTTP 是一种＿＿＿。

(27) URL的中文名称为＿＿＿。

(28) ＿＿＿也称为首页，是每个网站的起始网页。

(29) HTML语言是一种＿＿＿语言。

(30) 一级域名com表示的是＿＿＿，而教育机构用＿＿＿域名表示。

2.单项选择题

(1) Internet是一个最大的（ ）。

A.软件公司　　B.网络公司

C.计算机网络　　D.媒体公司

(2) Internet起源的最早时期是（ ）。

A.20世纪50年代末　　B.20世纪60年代末

C.20世纪70年代末　　D.20世纪90年代初

(3) 中国教育科研网是（ ）。

A.CSTNENT　　B.CHINAGBN

C.CHINANET　　D.CERNET

(4) FTP是一种（ ）。

A.域名解析服务　　B.文件传输协议

C.远程登录服务　　D.传输控制协议

(5) 关于TCP协议叙述错误的是（ ）。

A.是一个面向连接的协议　　B.对数据流进行分包

C.担负流量控制任务　　D.根据主机地址进行路由选择

(6) 计算机网络中常用的星型、环形等是按照（ ）来划分的。

A.地理范围　　B.拓扑结构

C.数据传输速率　　D.传输介质

(7) TCP/IP是一种（ ）。

A.网络交换设备　　B.网络操作系统

C.网络通信协议　　D.网络路由设备

(8) 用于表示教育机构的一级域名是（ ）。

A.edu　　B.gov

C.com　　D.net

(9) 在Internet中用于远程登录服务的是（ ）。

A.Ftp　　B.WWW

C.Telnet　　D.BBS

(10) 在C类IP地址范围内最多可包含（ ）台主机。

A.128　　B.256

C.255　　D.254

(11) 超文本的含义主要表现在（ ）。

A.文本中含有超链接　　B.文本中含有声音

C.文本中含有视频　　D.文本中含有二进制字符

(12) HTML语言是一种（ ）。

A.网页制作语言　　B.超文本编程语言

C.程序设计语言　　D.数据库编程语言

(13) URL的一般格式是（ ）。

A.协议类型/主机域名或IP地址/端口/路径及文件名

B.协议类型/主机域名或IP地址/端口/路径及文件名

C.协议类型:/主机域名或IP地址:端口/路径及文件名

D.协议类型://主机域名或IP地址:端口/路径及文件名

(14) 使用IE浏览网页时按住（ ）键的同时单击链接可以在新窗口中打开链接的网页。

A.Ctrl+Shift　　B.Alt

C.Ctrl　　D.Shift

(15) 在Internet的接入方式中俗称的“一线通”是指（ ）。

A.PSTN　　B.ISDN

C.ADSL　　D.DDN

3. 多项选择题

(1) 计算机网络的功能主要表现在（ ）。

A. 数据通信　　B. 资源共享

C. 提高系统可靠性　　D. 均衡负荷

E. 分布处理

(2) 在计算机网络的逻辑组成中关于通信子网叙述正确的有（ ）。

A. 通信子网主要由通信设备和通信线路组成

B. 通信子网主要由计算机系统、终端、外设及各种信息资源组成

C. 通信子网的作用是在端结点之间传送信息，完成数据交换和通信控制任务

D. 通信子网的作用是收集、存储和处理数据信息，提供各种共享和网络服务等

(3) 计算机网络按物理结构主要包括（ ）。

A. 通信子网　　B. 计算机系统

C. 数据通信系统　　D. 资源子网

E. 网络协议　　F. 网络软件

(4) 计算机网络中常用的传输介质有（ ）。

A. 双绞线　　B. 同轴电缆

C. 交换机　　D. 光缆

E. 无线传输　　F. 路由器

(5) 计算机网络中常用的连接设备有（ ）。

A. 网卡　　B. 调制解调器

C. 交换机　　D. 卫星通信

E. 双绞线　　F. 路由器

(6) 计算机网络按拓扑结构分为（ ）。

A. 星型网络　　B. 环形网络

C. 总线型网络　　D. 对等网

E. 树型网络　　F. 网状网络

(7) Internet 主要可以提供（ ）等方面的服务。

A. WWW　　B. FTP

C. E-mail　　D. BBS

E. Telnet　　F. 信息查询服务

(8) 常用的网络传输协议有（ ）。

A. TCP/IP 协议　　B. NETBEUI 协议

C. IPX/SPX 协议　　D. HTTP 协议

(9) 下列选项中用于表示一级域名的有（ ）。

A. cn　　B. www

C. com　　D. ftp

E. org　　F. net

(10) 在电子邮箱地址中必须包括的内容有（ ）。

A.用户密码　　　　　　　　　　B.用户名
C.ISP 邮箱地址　　　　　　　　D.电子邮箱的域名

4.判断题

(1) 计算机网络是计算机技术与通信技术、媒体技术相结合的产物。( )

(2) 建立计算机网络的主要目的是实现数据通信和资源共享。( )

(3) 数据通信系统是连接各台计算机的通信线路和通信设备。( )

(4) TCP/IP 协议是计算机网络中的唯一通信协议。( )

(5) 计算机内部处理的信号都是数字信号。( )

(6) 在通信系统中的主要技术指标是带宽和数据传输速率。( )

(7) 带宽是指信道所能传送信号的频带宽度，它常用单位有 Kbps、Mbps。( )

(8) 网卡是计算机与传输介质的接口，每一台计算机只能装有一块网卡。( )

(9) 用于实现局域网和广域网互联的主要设备且具有路由选择功能的是路由器。( )

(10) 由通信线路连接网络上的各台计算机所形成的几何布局称为网络拓扑结构。( )

(11) 中国于 1996 年是作为第 81 个成员正式进入 Internet。( )

(12) WWW 服务是 Internet 提供的唯一服务。( )

(13) TCP 即传输控制协议，是一个面向连接的协议。( )

(14) IP 地址可以分为 A、B、C、D 和 E 五类地址，但主要用于多点播送的是 E 类地址。( )

(15) 域名采用层次结构，每一层有一定含义，用圆点隔开，而其中的一级域名位于域名格式中的最左面。( )

(16) ADSL 的非对称性主要体现在它的上行速率低于下行速率，而有效传输距离一般在 3~5 千米范围以内。( )

(17) Web 浏览器是浏览 Internet 信息时所使用的客户端软件，而其中最流行的是 IE 浏览器。( )

(18) 如果想保存网页中的图片，只需用鼠标右击该图片，然后在快捷菜单中选择“图片另存为”命令即可进行操作。( )

(19) 在进行信息搜索时在关键词上加双引号用于表示精确匹配。( )

(20) POP3 服务器是指接收邮件服务器，SMTP 服务器是指发送邮件服务器。( )

附录 参考答案

第1章 答案

1.填空题					
（1）1946，-ENIAC	（2）器件	（3）晶体管	（4）通信技术和计算机技术	（5）科学计算，数值计算	（6）硬件系统和软件系统
（7）冯.诺伊曼	（8）运算器	（9） 中央处理器，CPU	（10）内存储器和外存储器	（11）随机存储器和只读存储器	（12）“裸机”
（13）操作系统	（14）机器语言	（15）运算速度，百万次/秒（MIPS）	（16）两	（17）处理信息,二进制	（18）数制，二进制、八进制、十进制和十六进制
（19）10000-01001.11	（20）20360	（21）195C	（22）51	（23）354.3	（24）AD.A
（25）1845.-3125	（26）11011-1101	（27）999	（28）10828	（29）10110-10111010010	（30）35216
（31）二进制的一个数位	（32）字节	（33）字节，字型	（34）0	（35）1	（36）寄生性、传染性、潜伏性、隐蔽性、破坏性和可触发性
（37）良性病毒和恶性病毒	（38）源码型病毒、入侵型病毒、操作系统型病毒和外壳型病毒	（39）引导型病毒、文件型病毒和网络型病毒	（40）主键盘区、功能键区、控制键区、小键盘区、指示灯键区	(41)A、S、D-、F、J、K、L和“;”	（42）“Ctrl+Shift”

2.单选题					
（1）C	（2）C	（3）D	（4）B	（5）A	（6）D
（7）B	（8）C	（9）B	（10）C	（11）C	（12）C
（13）C	（14）A	（15）C	（16）B	（17）B	（18）D
（19）D	（20）A	（21）C	（22）C	（23）D	（24）A
（25）C	（26）A	（27）D	（28）A	（29）A	（30）C
（31）D	（32）B	（33）B	（34）D	（35）C	

续表

3. 多选题					
(1) BD	(2) ABCE	(3) ABCDEF	(4) ABCDEF	(5) ABCDEF	(6) ABC
(7) ABCD	(8) AE	(9) ABCF	(10) ABCEFG	(11) ADE	(12) BC
(13) ADE	(14) ACE	(15) BDF	(16) ACF	(17) ABC	(18) ABCDE
(19) BC	(20) ABCD				
4. 判断题					
(1) √	(2) √	(3) √	(4) ×	(5) √	(6) √
(7) √	(8) ×	(9) ×	(10) √	(11) √	(12) √
(13) √	(14) ×	(15) ×	(16) ×	(17) √	(18) √
(19) √	(20) √	(21) ×	(22) √	(23) ×	(24) ×
(25) ×	(26) √	(27) √	(28) ×	(29) √	(30) √

第2章　答案

1. 填空题					
(1) 回收站	(2) 最下方	(3) 时钟按钮	(4) 任务栏	(5) 调节音量的大小	(6) 任务栏上
(7) 水平	(8) 关闭应用程序	(9) 文件夹或子文件夹	(10) Shift	(11) Ctrl	(12) 回收站
(13) 计算机	(14) 该命令当前不可用	(15) “Ctrl+A”	(16) 移动	(17) 关闭	(18) 活动窗口
(19) 255	(20) 下一级子菜单	(21) “Ctrl+Esc”	(22) 扩展名	(23) sys	(24) 可执行程序文件
(25) 写字板	(26) 隐藏	(27) 控制面板	(28) 显示	(29) 剪贴板	(30) 复制；移动
(31) 移动；复制	(32) Shift	(33) 标题栏	(34) Tab	(35) “Alt+Space”	(36) 对话框
(37) Print-Screen	(38) “Ctrl+C”；“Ctrl+X”	(39) 分类视图；经典视图	(40) 关闭计算机		
2. 单选题					
(1) D	(2) C	(3) D	(4) A	(5) C	(6) A
(7) D	(8) C	(9) A	(10) C	(11) A	(12) B
(13) C	(14) B	(15) D	(16) A	(17) B	(18) C
(19) A	(20) D	(21) B	(22) A	(23) B	(24) D

续表

(25) D	(26) C	(27) A	(28) C	(29) D	(30) C
3. 多选题					
(1) ACD	(2) ABCE	(3) BCDE	(4) ACDEF	(5) ACDEF	(6) BCE
(7) ACEF	(8) ACDEF	(9) BCE	(10) ACD	(11) ABCDEF	(12) ADEF
(13) ACDF	(14) ACDEF	(15) ABC	(16) ABF	(17) AD	(18) ABCE
(19) ACDF	(20) ABCD				
4. 判断题					
(1) √	(2) √	(3) √	(4) √	(5) ×	(6) ×
(7) √	(8) ×	(9) √	(10) ×	(11) √	(12) √
(13) ×	(14) √	(15) √	(16) √	(17) ×	(18) √
(19) ×	(20) √	(21) √	(22) √	(23) ×	(24) √
(25) √	(26) ×	(27) √	(28) ×	(29) √	(30) √

第3章 答案

1. 填空题					
(1) Office	(2) 保存按钮	(3) docx	(4) 对话框启动器	(5) 文档编辑区	(6) 水平
(7) 另存为	(8) 备份	(9) Shift；Ctrl	(10) 最前面	(11) Ctrl	(12) 删除
(13) 右侧	(14) 文本、图表和图片	(15) 复制	(16) 移动	(17) "Ctrl+F"	(18) "Ctrl+Z"
(19) 宋体、五号	(20) 标准、加宽和紧缩	(21) 页边框	(22) 2	(23) 段落间距	(24) 单倍行距
(25) "Ctrl+E"	(26) 分栏排版	(27) 项目符号；编号	(28) "图片工具'格式'"	(29) 图片	(30) 图形对象
(31) 格式	(32) 封面	(33) 样式	(34) 内置样式	(35) 目录	(36) 模板
(37) 页眉、页脚	(38) 正文	(39) 16开	(40) 打印预览		
2. 单选题					
(1) A	(2) C	(3) D	(4) B	(5) A	(6) D
(7) D	(8) D	(9) A	(10) A	(11) B	(12) B

续表

(13) D	(14) B	(15) B	(16) C	(17) D	(18) A
(19) A	(20) C	(21) C	(22) A	(23) B	(24) C
(25) A	(26) B	(27) B	(28) A	(29) D	(30) C
3. 多选题					
(1) ACEF	(2) ABCDEF	(3) ABCDEF	(4) ABCD	(5) ACD	(6) BCD
(7) ABCDF	(8) ABD	(9) ABCDEF	(10) ABCDF	(11) ABCDE	(12) ABCD
(13) ABCEF	(14) ACEF	(15) ABCDEF	(16) ABD	(17) AEF	(18) BCE
(19) BCDE	(20) ABCDE				
4. 判断题					
(1) ×	(2) ×	(3) ×	(4) √	(5) √	(6) √
(7) ×	(8) ×	(9) √	(10) ×	(11) √	(12) ×
(13) √	(14) ×	(15) ×	(16) √	(17) √	(18) ×
(19) √	(20) ×				

第4章　答案

1. 填空题					
(1) 电子表格	(2) xlsx	(3) 列标，行号	(4) 工作簿	(5) “Ctrl+N”	(6) 另存为
(7) 标题栏	(8) 状态栏	(9) 功能区	(10) 单元格	(11) 工作表	(12) Sheet+*N*
(13) 工作表标签	(14) Shift	(15) Ctrl	(16) 单元格	(17) 整列	(18) Tab
(19) 回车	(20) 格式，单元格中的数据	(21) 当前工作簿	(22) 编辑框	(23) “Ctrl+;”	(24) 保留，删除
(25) Ctrl	(26) 隐藏	(27) 左，右	(28) D	(29) 下，右	(30) 11，宋体
(31) 手动	(32) 条件	(33) 等号	(34) 函数	(35) SUM	(36) 自动，自定义
(37) 分类汇总	(38) 排序	(39) 图表	(40) 打印预览		
2. 单选题					
(1) C	(2) A	(3) B	(4) B	(5) B	(6) D

续表

(7) B	(8) D	(9) A	(10) C	(11) D	(12) A
(13) D	(14) C	(15) B	(16) C	(17) C	(18) B
(19) A	(20) C	(21) A	(22) B	(23) C	(24) A
(25) B	(26) C	(27) B	(28) C	(29) A	(30) C
3. 多选题					
(1) ADF	(2) ABCDEF	(3) ABD	(4) ADE	(5) ABC	(6) ABE
(7) ACDF	(8) BCF	(9) ABD	(10) ABCDEF	(11) ACDE	12) ABCDEF
(13) CDE	(14) ABCDEF	(15) AD	(16) ABCD	(17) ACDF	18) ABCDEF
(19) ABD	(20) ACD				
4. 判断题					
(1) √	(2) √	(3) ×	(4) √	(5) ×	(6) ×
(7) ×	(8) √	(9) ×	(10) √	(11) √	(12) √
(13) ×	(14) √	(15) ×	(16) ×	(17) √	(18) √
(19) √	(20) √	(21) ×	(22) ×	(23) √	(24) ×
(25) √					

第5章 答案

1. 填空题					
(1) 演示文稿	(2) pptxx	(3) 保存	(4) F5	(5) “Shift+F5”	(6) “Ctrl+F1”
(7) 幻灯片编辑区	(8) 幻灯片	(9) 幻灯片放映视图	(10) 幻灯片浏览	(11) “Ctrl+M”	(12) Shift
(13) Ctrl	(14) “Ctrl+C”和“Ctrl+V”	(15) 模板	(16) 备注栏	(17) 幻灯片任务窗格	(18) 占位符
(19) 形状效果	(20) 文本内容	(21) 退出	(22) 视图	(23) 普通视图	(24) 讲义母版
(25) 双击	(26) 动态	(27) 插入影片	(28) 幻灯片浏览	(29) 动画	(30) 进入、强调
(31) 中速、快速	(32) 基本型、细微型、温和型	(33) 演讲者放映	(34) 动作按钮	(35) 演讲者放映	(36) Esc
(37) 右键快捷菜单	(38) 打印预览命令	(39) CD	(40) 观众自行浏览		

续表

2. 单选题					
(1) A	(2) D	(3) B	(4) D	(5) D	(6) C
(7) A	(8) C	(9) B	(10) C	(11) A	(12) B
(13) D	(14) C	(15) D	(16) C	(17) B	(18) C
(19) C	(20) C	(21) D	(22) A	(23) A	(24) B
(25) D					
3. 多选题					
(1) ABD	(2) ACDE	(3) AEF	(4) ABC	(5) ABCEF	(6) BCD
(7) ABC	(8) ABE	(9) ABCDE	(10) BDEF		
4. 判断题					
(1) √	(2) ×	(3) √	(4) ×	(5) √	(6) ×
(7) √	(8) ×	(9) ×	(10) ×	(11) √	(12) √
(13) √	(14) ×	(15) √	(16) ×	(17) √	(18) √
(19) ×	(20) √				

第6章　答案

1. 填空题					
(1) 计算机技术与通信技术	(2) 数据通信和资源共享	(3) 资源子网和通信子网	(4) 计算机系统	(5) 通信线路	(6) 网络协议
(7) 数据通信	(8) 逻辑信道	(9) 调制	(10) 解调	(11) 带宽	(12) 数据传输速率
(13) 局域网、城域网	(14) World Wide Web，万维网	(15) FTP	(16) 电子公告板	(17) 传输控制协议	(18) 网际协议
(19) IP地址	(20) 网络号和主机号	(21) 32，128	(22) 层次结构	(23) 网络号	(24) 超文本
(25) 超媒体	(26) 超文本传输协议	(27) 统一资源定位器	(28) 主页	(29) 超文本标记语言	(30) 商业机构，edu
2. 单选题					
(1) C	(2) B	(3) D	(4) B	(5) D	(6) B
(7) C	(8) A	(9) C	(10) D	(11) A	(12) B
(13) D	(14) D	(15) B			

续表

3. 多选题					
（1）ABCDE	（2）AC	（3）BCEF	（4）ABDE	（5）ABCF	（6）ABCEF
（7）ABCDEF	（8）ABC	（9）ABCDE	（10）BD		
4. 判断题					
（1）×	（2）√	（3）√	（4）×	（5）×	（6）√
（7）×	（8）×	（9）√	（10）√	（11）×	（12）×
（13）√	（14）×	（15）×	（16）√	（17）×	（18）√
（19）√	（20）√				